清 华 电 脑 学 堂

从静态到动态，全面掌握UI动效设计！

UI动效设计与制作标准教程

全彩微课版

魏砚雨 张晓涵 ◎ 编著

清华大学出版社
北京

内 容 简 介

本书围绕UI动效设计展开创作，以"理论+实操"为写作原则，用通俗易懂的语言对UI动效设计的相关知识进行详细介绍。

本书共8章，内容涵盖UI动效设计基础、After Effects应用基础、图层控制与动画、蒙版动效制作、文本动效制作、界面动效设计、Photoshop动效制作、综合案例等。在介绍理论知识的同时，穿插大量的实操案例，第2章～第7章结尾安排"实战演练"与"新手答疑"板块，旨在让读者学习并掌握之后，能达到举一反三的目的。

本书结构编排合理，所选案例贴合UI动效设计实际需求，可操作性强。案例讲解详细，一步一图，即学即用。本书适合高等院校师生、动效设计师等阅读使用，也适合作为社会培训机构相关课程的教材。

图书在版编目（CIP）数据

UI动效设计与制作标准教程：全彩微课版 / 魏砚雨，
张晓涵编著. -- 北京：清华大学出版社，2025.3.
(清华电脑学堂). -- ISBN 978-7-302-68088-8
Ⅰ. TP311.1
中国国家版本馆CIP数据核字第20254P8M58号

责任编辑： 袁金敏
封面设计： 阿南若
责任校对： 胡伟民
责任印制： 沈　露

出版发行： 清华大学出版社
　　　　　网　　　址： https://www.tup.com.cn，https://www.wqxuetang.com
　　　　　地　　　址： 北京清华大学学研大厦A座　　　　　　**邮　　编：** 100084
　　　　　社 总 机： 010-83470000　　　　　　　　　　　　　**邮　　购：** 010-62786544
　　　　　投稿与读者服务： 010-62776969，c-service@tup.tsinghua.edu.cn
　　　　　质 量 反 馈： 010-62772015，zhiliang@tup.tsinghua.edu.cn
　　　　　课 件 下 载： https://www.tup.com.cn，010-83470236
印 装 者： 三河市君旺印务有限公司
经　　销： 全国新华书店
开　　本： 185mm×260mm　　　　**印　张：** 13　　　　**字　　数：** 340千字
版　　次： 2025年4月第1版　　　　　　　　　　　　　　**印　　次：** 2025年4月第1次印刷
定　　价： 69.80元

产品编号：105279-01

前 言

UI动效设计一般是指动态界面设计，通过动态图形使平面的设计动起来，以增加产品的趣味性和吸引力。本书以理论与实际应用相结合的方式，从易教、易学的角度，详细地介绍UI动效设计的基础理论及设计规范，同时也为读者讲解设计思路，让读者掌握动效设计与制作的方法，提高读者的操作能力。

▌本书特色

- **理论+实操，实用性强。** 本书为疑难知识点配备相关的实操案例，使读者在学习过程中能够从实际出发，学以致用。
- **结构合理，全程图解。** 本书全程采用图解的方式，让读者能够直观地看到每一步的具体操作。
- **疑难解答，学习无忧。** 本书第1～7章安排"新手答疑"板块，主要针对实际工作中一些常见的疑难问题进行解答，让读者能够及时地处理好学习或工作中遇到的问题，同时还可以举一反三地解决其他类似的问题。

▌内容概述

本书共分8章，各章内容见表1。

表1

章序	内容导读	难度指数
第1章	主要介绍UI动效设计的基础知识，包括UI设计基础、UI动效设计基础、UI动效设计类型、AIGC的应用，以及UI动效设计工具等	★☆☆
第2章	主要介绍After Effects的工作界面、基础操作、素材的导入和管理，以及软件间的协同工作等	★★☆
第3章	主要介绍图层的基本操作、图层的基本属性、关键帧动画的制作及图表编辑器等	★★★
第4章	主要介绍蒙版动效的创建，以及蒙版属性的编辑等	★★★
第5章	主要介绍文本图层的创建与编辑、文本动效的制作等	★★☆
第6章	主要介绍常见动效设计、界面切换动效设计等	★★★
第7章	主要介绍Photoshop制作动效的方式及导出动效的格式等	★★☆
第8章	主要介绍音乐App登录界面的动效设计案例	★★★

本书的读者对象

- 高等院校相关专业的师生。
- 从事UI动效设计的工作人员。
- 对动效设计有着浓厚兴趣的爱好者。
- 培训班中学习UI动效设计的学员。
- 想通过知识改变命运的有志青年。
- 掌握更多技能的办公室人员。

　　本书的配套素材和教学课件可扫描下面的二维码获取。如果在下载过程中遇到问题，请联系袁老师，邮箱：yuanjm@tup.tsinghua.edu.cn。书中重要的知识点和关键操作均配备高清视频，读者可扫描书中二维码边看边学。

　　本书由魏砚雨、张晓涵编写。作者在编写过程中虽力求严谨细致，但由于时间与精力有限，疏漏之处在所难免。如果读者在阅读过程中有任何疑问，请扫描下面的"技术支持"二维码，联系相关技术人员解决。教师在教学过程中有任何疑问，请扫描下面的"教学支持"二维码，联系相关人员解决。

配套素材　　　教学课件　　　技术支持　　　教学支持

目 录

第1章

UI动效设计基础

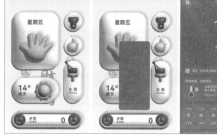

第2章

After Effects应用基础

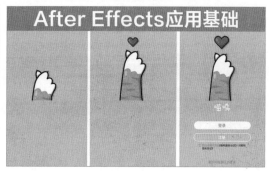

第3章

图层控制与动画

第4章

蒙版动效制作

第 5 章

文本动效制作

第 6 章

界面动效设计

第7章

Photoshop动效制作

第8章

综合案例：制作悦·乐App
登录动效

第1章
UI 动效设计基础

　　UI动效在UI设计中发挥着重要的作用。它可以增加产品的趣味性与吸引力，加强情感联系，同时可以解决界面问题，提升品牌形象。本章节对UI动效设计的基础知识进行介绍，包括UI设计的相关知识、UI动效的作用及设计原则、UI动效设计类型、AIGC在UI动效设计中的应用及常用的UI动效设计工具等。

1.1 UI设计基础

UI（User Interface）设计是指用户和软件界面的关系，既作用于用户又承接着程序本身。本小节对UI设计进行介绍。

■1.1.1 什么是UI设计

UI设计（User Interface Design，用户界面设计），是指对软件的人机交互、操作逻辑以及界面进行整体设计。好的UI设计不仅可以提升软件的个性和品味，还可以使软件操作更加简单便捷，提升用户的体验感和软件的可用性。

UI设计包括用户和界面两部分，其设计方向以此分类包括用户研究、交互设计和界面设计三个方向，如图1-1所示。

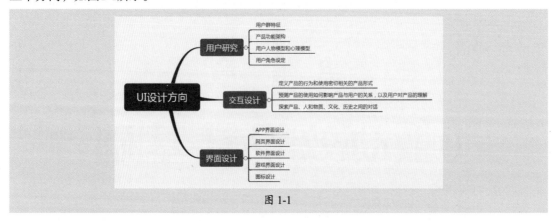

图 1-1

（1）用户研究

用户研究是针对用户的研究。目的是通过对用户的作业环境、使用习惯等进行研究，把握用户对产品的期望、要求等，并将其融合进产品的开发过程中，从而帮助企业完善设计，使用户获得更加舒适的体验。用户研究涉及可用性工程学、心理学、市场研究学、设计学等多个学科。对用户来说，用户研究可以使设计更加贴近他们的真实需求。

（2）交互设计

交互设计侧重于界面与用户之间的交互功能，包括屏幕上的所有元素，用户可能会触摸、点按、输入的内容等。其目的在于加强软件的易用、易学性，使计算机成为服务人类的便捷工具。

（3）界面设计

界面设计是偏向界面的研究，通过美化、规范化软件的使用界面，以促进软件专业化及标准化的设计。好的界面可以为用户带来良好的体验，提升产品的使用率。界面设计并不是单纯的美术设计，而是结合用户研究为最终用户设计满意视觉效果的科学性艺术设计。

■1.1.2 UI设计的重要性

UI设计可以增加软件的交互性，是软件开发过程的重要组成部分，其重要性主要体现在以下方面。

- **提升用户体验：** UI设计可以帮助用户便捷地使用软件，提升用户使用软件的体验。
- **增强可用性：** UI设计可以明确软件的功能和交互方式，帮助用户快速找到所需的功能，增强软件的可用性，使用户更容易理解和使用软件。
- **提升品牌形象：** UI设计是品牌形象的重要组成部分。好的UI设计可以吸引用户的注意，帮助品牌建立良好的形象。
- **提高市场竞争力：** UI设计影响着软件的市场竞争力。好的UI设计可以增加用户使用的舒畅感与愉悦感，从而提高市场竞争力。

1.1.3　UI设计的特点

UI设计具有以下特点。

- **交互性：** UI设计是系统和用户之间进行交互和信息交换的媒介，具备交互性的特点。
- **一致性：** 一个优秀的UI设计，界面结构清晰且一致，风格与产品内容相一致。
- **简洁直观：** UI设计需要从用户的角度出发，简洁直观，让用户便于使用、了解产品，并减少用户发生错误选择的可能性；界面要使用能反映用户的语言，而不是设计者的专业语言；在视觉效果上应清楚明了，便于用户理解和使用。
- **灵活性：** UI设计一般具备灵活性的特点，可以通过多种途径互动，而不局限于单一的工具，便于用户使用。
- **界面布局有序：** UI设计要让用户可以轻松地理解和使用，界面应整齐有序。

1.1.4　UI设计色彩基础

色彩是UI设计中非常重要的元素，起着信息传达、情感传递、氛围烘托、增强视觉表现力等作用。本小节对色彩的基础知识进行介绍。

1. 色彩三要素

色相、明度和纯度是有彩色系色彩的三大要素。

- **色相：** 色相是色彩的首要特征，主要用于区别不同的色彩，如红、橙、黄、绿等。图1-2所示为常见的色彩。

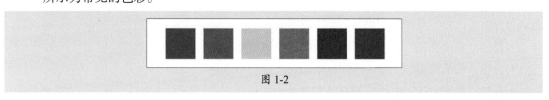

图 1-2

- **明度：** 指颜色的明暗程度，一般包括两个方面：同一色相的明暗变化；不同色相间的明暗变化。如六标准色中黄最浅，紫最深，橙和绿、红和蓝处于相近的明度，如图1-3所示。加入白色可以提高色彩的明度，反之则加入黑色。

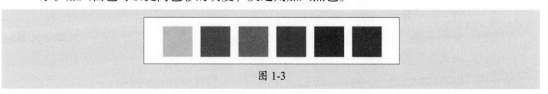

图 1-3

- **纯度：** 指色彩的鲜艳度，纯度越高的色彩越鲜艳，反之则越浑浊，如图1-4所示。纯度取决于色彩中包含的单种标准色成分的多少，不同色相所能达到的纯度是不同的。有彩色系中红色纯度最高，绿色纯度相对低些，其余色相居中。

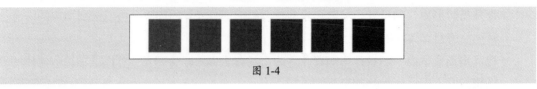

图 1-4

2. 色相环

色相环是指以指定顺序呈圆形排列的色相光谱。根据色相数量可以分为六色色相环、十二色色相环、二十四色色相环等。图1-5所示为二十四色色相环效果。

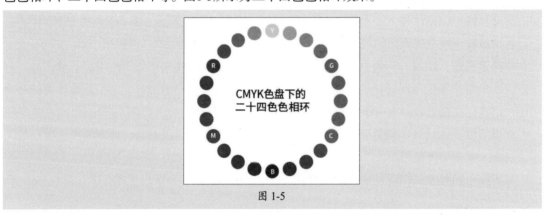

图 1-5

根据色相环中不同颜色之间的夹角，其关系分别如下。

- **类似色：** 又称相似色，是指在色相环夹角60°以内的色彩，如红、红橙和橙色。
- **邻近色：** 指色相环夹角为60°～90°的色彩，如绿色和蓝色等。
- **对比色：** 指色相环夹角为120°左右的色彩，如紫色和橙色等。
- **互补色：** 指色相环夹角为180°的色彩，如蓝色和黄色等。

3. 色彩心理

色彩影响用户的心理及情感，带给用户不同的视觉感受。如绿色往往代表生机、安全；红色则与热情、开放、危险等息息相关。下面对常见的色彩心理进行介绍。

- **黑色：** 象征神秘、奢华、时尚、威信，可以营造沉稳、有力的高级感。
- **白色：** 象征新鲜、纯净、现代、圣洁，适配多种颜色。
- **红色：** 象征力量、激情、爱心，充满活力和热情。
- **橙色：** 象征活力、欢快、温暖、成熟，是一种富足、快乐而幸福的颜色。
- **黄色：** 象征温暖、辉煌、灿烂、希望，是一种可见性极佳、易引人注目的颜色。
- **绿色：** 象征希望、生机、宁静、环保、安全。绿色属于居中的颜色，可以带给用户安全、平静、舒适之感。
- **蓝色：** 象征平静、沉着、理智。蓝色属于冷色调，可以使用户联想天空、大海等元素，具有一种自由平静的气质。
- **紫色：** 象征神秘、高贵、优雅、梦幻，带给用户一种优雅神秘的感受。

1.2 UI动效设计

相较于平面的设计，UI动效的吸引力更强，可以增加软件的趣味性，增强用户使用的欲望。本小节对UI动效进行介绍。

■1.2.1 认识UI动效

UI动效指界面设计中的动态效果，是界面设计中一个非常重要的组成部分。好的动效设计可以提升界面与用户的交互体验，增加界面的灵动性。图1-6所示为鸿蒙系统检查更新时的动态效果。

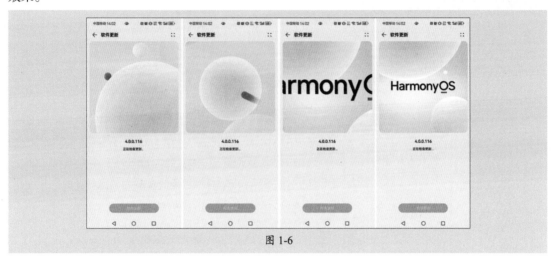

图 1-6

UI动效伴随着扁平化设计的发展而来。扁平化设计的核心是在设计中去除高光、阴影、纹理等装饰性效果，通过符号化或简化的图形设计元素表现，以突出功能和交互的使用，为用户提供更好的使用体验。但是过于扁平化的设计会导致复杂层级难以展现、失真感较强的问题。

Material Design设计规范中将动效设计命名为Animation，即动画、活泼。UI动效就是通过添加UI元素的动态效果以增强产品的交互性。随着时间的推移，动效本身的功能性也被关注，由线性运动转变为模拟真实世界的速度、重力等，展现的效果也更加有趣。图1-7所示为鸿蒙系统中自动旋转功能开启时的动态效果。

图 1-7

UI动效的持续时长是影响UI动效效果的重要因素。标准的UI动效时长应该在200～500ms，这个范围基于人脑的处理能力以及信息消化速度得出。持续时间低于100ms的动效很难被人眼识别，而超过500ms的动效有迟滞感。需要注意的是，屏幕尺寸及功能需求也会影响动效时长。一般来说手机之类的移动端设备动效时长建议在200～300ms；平板电脑之类的设备则延迟30%左右，即400～450ms；基于用户使用习惯，网页动效的速度相比于移动端动效的速度要快上一倍。

1.2.2　动效在界面中的作用

除了生动有趣的动态视觉效果外，动效在界面还起着吸引用户注意、体现层级关系等非常重要的作用，下面对此进行介绍。

1. 吸引用户注意

与静态的物体相比，动态的物体明显更具吸引力。UI界面中的动效同样具备这一吸引力的特性，在设计界面时设计师可以通过动效创建更易引起用户注意的效果。图1-8所示为单击"了解详情"文本后弹出提示的动效，可以很明显地将用户的注意力吸引至弹出的提示框中。

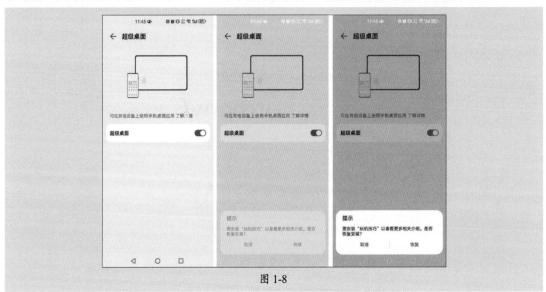

图 1-8

2. 提供操作反馈

UI动效可以为用户提供有趣的正反馈，使用户及时地了解操作后的效果，如密码输错时数字键上方的小圆点会来回晃动模拟摇头的动作，提示用户重新输入；手机截屏时会模拟拍照动作提示用户截屏成功，如图1-9所示。

图 1-9

3. 体现层级关系

动效可以明显地表示层级关系，通过抽屉、打开、平级切换等动态效果，直观地展示层与层之间的关系，如图1-10所示。

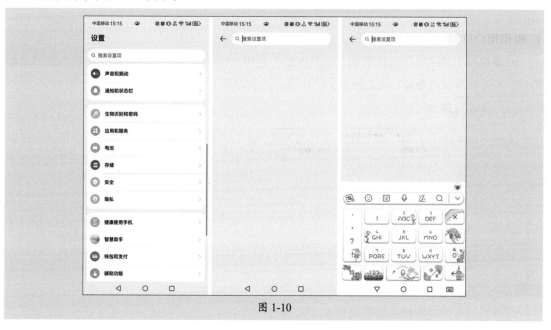

图 1-10

4. 增强引导性

合理的动效可以帮助用户建立良好的方向感，指引用户下一步的操作，增强界面的引导性。如图1-11所示，切换日历中的"月"为"年"时，当前月份将向"年"中对应月份的位置缩放，以显示整年的日历。

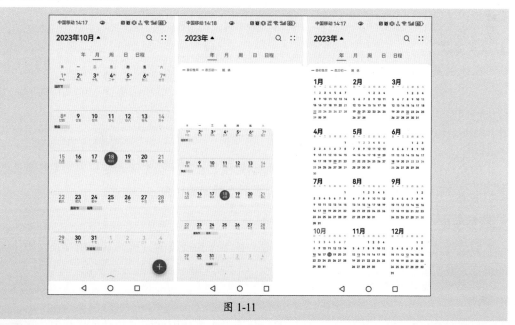

图 1-11

注意事项

动效是为用户体验服务的。它的一切出发点都是更好地服务于用户。

1.2.3　UI动效设计的必要性

动效是目前用户界面中常见的表现形式，在UI设计过程中起着细腻而重要的作用，是UI设计必不可少的部分。

1. 增强用户体验

合理地使用动效可以增加视觉上的真实感，使用户在视觉上察觉元素的变化，对前后状态的变更有直观明显地感知，从而提升用户体验，以一种舒适愉悦的感受使用产品。

2. 提升产品气质

动效可以赋予静态的界面一种灵动自然的气质，使平铺直叙的界面呈现新的生机。通过动效设计使界面立体形象地展现在用户面前，同时提升界面的亲和力和趣味性，使产品与品牌更加具有气质。

1.2.4　UI动效设计原则

动效的添加是在一些科学的基本原则的指导下进行的操作，下面对这些基本原则进行介绍。

1. 缓动

缓动是指自然界中绝大多数物体在运动初始或结束时会呈现缓慢加速或缓慢减速的状态。与线性变化相比，缓动可以使动效更具真实性，符合用户的认知。缓动适用于几乎所有的变化效果。

2. 偏移和延迟

偏移和延迟可以清晰地展示元素和场景间的关系及层次结构，如加载信息时信息按照层级顺序依次呈现。

3. 父子关系

父子关系是指将两个元素的属性进行关联，其中一个元素的变化会带动另一个元素的变化。多用于在与多个对象交互时创建空间和时间等级关系。如单击界面中的文件夹时，文件夹放大的同时其他元素向后偏移且缩小。

4. 转换

转换是指元素存在前后两种样式，通过动效使其从起始状态逐渐变化为结束状态，展现对象功能的变化。如智慧多窗中分屏变为悬浮窗的动效即为转换。

5. 数值变化

数值变化是指数值主体发生变化，创造一种动态和持续的过程，其作用是强化数字与用户的绑定关系，促使用户积极的维护数据变化，如手机管家优化时的分值变化。

6. 遮罩

遮罩是指通过显示或隐藏对象的区域，在内容不改变的同时使各功能以连续且无缝的方式转换。

8

7. 叠加

叠加可以通过模拟现实纸张叠放效果创建二维空间的前后空间感，从而更好地利用有限的空间。如信息左滑时显示置顶、删除、标为已读等操作即为叠加。

8. 克隆

克隆可以在新物体产生和分离时，创造连续性、关联性和叙事性。如一个主操作中包含其他操作，在用户与其互动时可以直接将元素分离出来。克隆可以清晰地表达内容的包含关系，多用于导航按钮等。

9. 蒙层

蒙层类似于景深效果，用户可以通过蒙层在空间上定位自己与交互对象或场景的关系。

10. 视差

视差是指在滑动界面时，不同的界面对象以不同的速率移动，呈现一种空间层次感。视差可以在保持设计完整的前提下，将用户视线聚焦于可交互元素上，同时让非交互元素保持动态一致性。

11. 多维度

多维度是指通过空间框架叙述新物体产生和消失时的状态，解决二维平面过于平面化的问题，同时增强位置感。多维度一般通过折纸维度、浮动维度和对象维度三种方式呈现。

- **折纸维度：**类似于三维界面元素的折页或旋转。
- **浮动维度：**为界面元素的出场和离场提供空间，使交互模型更具直观性和高度叙述性。
- **对象维度：**模拟具有真实深度和形式的对象，能够让用户快速通过看不见的空间位置感知元素功能。

12. 镜头平移与缩放

镜头平移与缩放模拟摄像机推进和拉远的效果，在保持连续性和空间叙述的前提下引导界面对象和空间展示内容或转换空间。

1.3 UI动效设计类型

UI动效一般可以分为功能型和展示型两种，本小节对这两个类型的动效进行介绍。

1.3.1 功能型动效

功能型动效是一种嵌入UI设计中的动画。该类型动效可以提升用户的体验，还能起到转场过渡、反馈信息、展示层级等作用。

1. 转场过渡

转场过渡动效是界面最常见的动效之一。在切换界面时添加一些平滑自然的过渡效果，可以使界面切换更加流畅，也便于用户理解界面前后变化的逻辑关系。图1-12所示为通过华为组件打开天气App的界面切换效果。

图 1-12

2. 内容呈现

内容呈现动效可以引导用户视觉焦点向指定的方向移动，帮助用户感知界面布局、层级结构等，同时可以增加界面的活力，使用户的操作体验更加舒适。图1-13所示为微信App在发送位置时选择位置的动效。

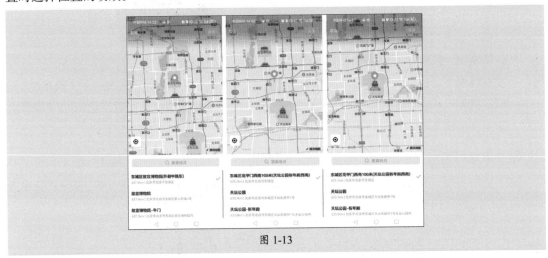

图 1-13

3. 空间扩展

空间扩展动效在屏幕空间有限的移动界面可以通过折叠、翻转、缩放等方式扩展出更多的空间，承载更多的界面内容。图1-14所示为华为图库App空间扩展的动效效果。

4. 操作反馈

操作反馈动效在界面中进行点击、滑动等操作后，通过视觉动效的形式表现操作反馈，可以帮助用户了解操作过程的响应情况，及时地获得操作后的反馈，使用户获得更加愉悦的使用体验。图1-15所示为华为系统开启深色模式开关的动态效果。

5. 层级展示

层级展示动效能够帮助用户很好地理解界面的层级关系，增强用户的空间感。图1-16所示为中国移动App浮层引导动效。

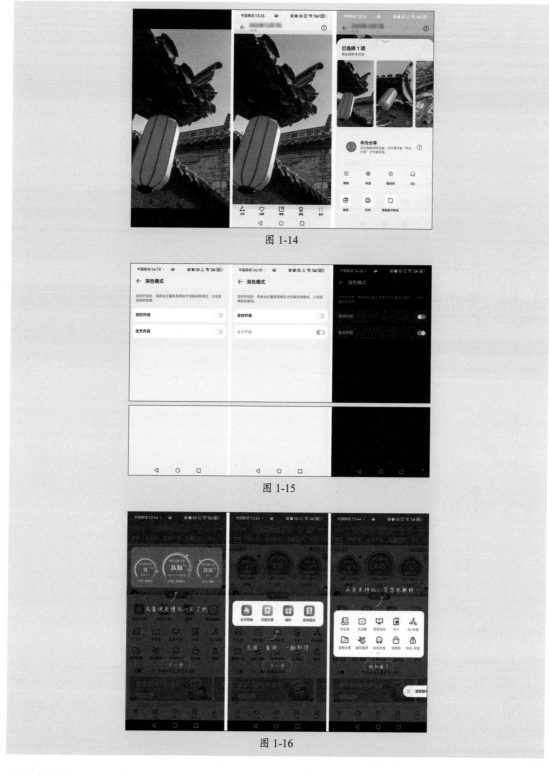

图 1-14

图 1-15

图 1-16

6. 聚焦关注

聚焦关注动效利用动态的内容吸引用户的注意。在进行UI设计时，为重点内容添加动效，可以很自然地吸引用户的注意力，且不影响整体界面的效果。图1-17所示为国家反诈中心App首页活动的切换动效。

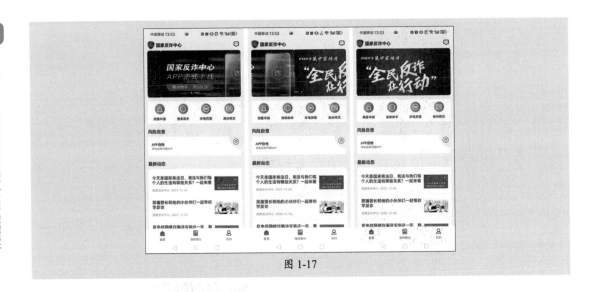

图 1-17

1.3.2　展示型动效

展示型动效可以为用户创建视觉上的愉悦感受，营造氛围，如图1-18所示的风车旋转动效即为展示型动效。相对于功能型动效，展示型动效较为复杂，多用于展示品牌、运营活动等。

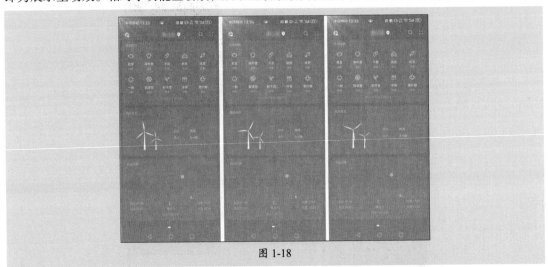

图 1-18

1.4　AIGC在UI动效设计中的应用

AIGC中文名称为生成式人工智能。在UI动效设计中可以利用AIGC技术自动生成基础元素，通过算法优化UI设计元素等，使UI动效设计师将更多的精力用于更具创造性的设计上，提高效率和质量。

1.4.1　什么是AIGC

AIGC（Artificial Intelligence Generated Content，生成式人工智能）是指利用人工智能技术生成内容的能力。利用AIGC技术，可以提高计算机在视觉识别、语言理解、自然语言处理等方面的能力，从而更好地模拟人类的思维和行为，实现更复杂的任务和决策。

AIGC技术涉及自然语言处理、计算机视觉、机器学习等多个领域，集成了生成对抗网络（GAN）、大型预训练模型、Diffusion模型、Transformer、多模态技术等众多技术，是人工智能1.0时代进入2.0时代的重要标志。随着AIGC的发展，UI动效设计等领域也开始引入AIGC进行应用，其在UI动效设计中多用于以下方面。

- **生成设计元素**：AIGC可用于生成UI设计中的各种元素，如图标、按钮等。这些元素会根据给定的参数自动调整以适应设计的整体风格，然后再通过其他软件二次加工成动效。
- **风格迁移与适配**：在制作UI动效时，用户可以通过AIGC将一种设计风格应用到另一个项目中，节省设计时间。
- **设计一致性**：AIGC可以监控设计的一致性，确保所有页面和组件遵循既定的设计规范和品牌指南。用户可以通过这一操作快速检查UI界面及动效。

AI生成内容的优势在于它可以极快的速度和大规模的产出满足不同领域的需求。值得注意的是，AI生成的内容在质量和创意程度上较为有限，可能存在版权和伦理问题，设计师在使用时应注意甄别。

1.4.2　认识Midjourney

Midjourney是一款AI绘画工具，通过关键字就可以利用算法生成相应的图片。图1-19所示为根据关键字"设计一组有中国特色，包含山水、传统文化的插画"生成的系列图片。

图 1-19

1.4.3　Midjourney应用方法

目前Midjourney已经推出了中文版，其功能与原版本基本一致，都具有文生图、图生文、混合图等基本功能。本小节对此进行介绍。

1. 文生图

文生图是指基于文字描述生成一组图片，支持输入中文生成。用户可在描述后加入相关的参数精细控制生成的图片。在搜索引擎中搜索"Midjourney中国官网"，找到对应的网站将其打开，如图1-20所示。在底部输入框中输入描述画面的关键词，单击"绘画"按钮即可根据描述词生成4张图片。

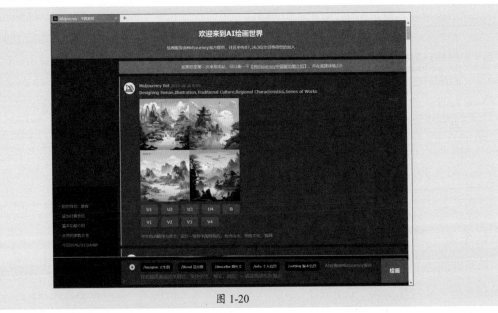

图 1-20

生成图片后，可以单击图片下方的U系列编号放大对应的图片，单击V系列编号可基于编号对应的图片再次拓展一组；若对该组图像都不满意，还可以单击"刷新"按钮▣重新生成。

知识点拨

Midjourney常用参数如表1-1所示。

表1-1

参数	作用
--ar n:m	用于设置图片宽高比，如：--ar 16:9
--chaos 0～100	用于设置图片异变程度，默认为0，数值越大，生成图片的想象性越大
--iw 0～2	用于设置参考图权重，默认为1，数值越大权重越大
--no 元素	用于设置排除的元素
--q <.25、.5、1>	用于设置生成图的质量，默认为1
--style raw	用于减少艺术加工，生成更真实的照片
--style <cute, expressive, original, or scenic>	用于设置动漫风格，只在 --niji 5 下有效
--s（或 --stylize）数字	用于设置 Midjourney 的艺术加工权重，默认为100
--niji	模型设置参数，用于设置为日本动漫风格模型
--v <1～5>	模型设置参数，用于设置模型版本

2. 图生文

图生文是指基于已有的图片生成4组描述词,用户再通过这4组描述词生成图片。在网页中选择"/describe图生文"选项,上传要解析的图片后等待解析出文本。单击解析的描述词下方的编号,根据对应编号的解析词生成一组照片。

3. 混合图

混合图是指上传多张图片混合输出一组图片。用户可以指定输出图片的比例。

1.5 UI动效设计工具

合理地使用工具可以提高UI动效设计的效率,使动效制作更加得心应手。UI动效设计过程中常用的工具包括After Effects、Photoshop、Illustrator等。本节对此进行介绍。

1.5.1 Photoshop

Photoshop是专业的图像处理软件,如图1-21所示。该软件主要处理由像素构成的数字图像,通过时间轴功能可以制作丰富的动态效果,是UI设计师最常用的软件之一。在UI设计中,Photoshop可用于处理用户界面元素、制作动态效果等,以保证界面呈现精美的视觉效果。

图 1-21

与其他软件相比,Photoshop在制作UI动效方面有着极大的优势。Photoshop具有丰富的图像编辑工具和功能,且支持多种文件格式,可以轻松进行UI设计的工作,结合软件自带的动画和时间轴功能,即可将创建的UI设计动态化。同时Photoshop与同公司旗下的After Effects等软件可以完美协同,完成更多精彩动效的制作。

1.5.2 After Effects

After Effects是Adobe公司推出的一款专业的图形视频处理软件和视频后期合成软件,简称为AE。图1-22所示为其启动界面。该软件主要用于合成视频和制作视频特效,结合三维软件和

Photoshop软件使用，可以辅助用户创建形象各异的动态图形和引人注目的视觉效果。在UI设计中，After Effects多用于制作动态效果。

与早期视频处理方式相比，After Effects采用非线性编辑的方式，通过层控制合成，支持用户随时调整和修改时间轴中各图层的属性和效果。同时After Effects与Adobe旗下的其他软件紧密结合，支持PSD、PRPROJ等多种格式，在软件协同上有着其他视频特效制作软件不可比拟的优势。

图 1-22

1.5.3 Illustrator

Illustrator是Adobe公司旗下一款功能强大的矢量图形处理工具，如图1-23所示。该软件集成文字处理、上色等功能，操作简单且功能强大，在UI设计中多用于绘制图标或矢量插图，且绘制的图标均为矢量图，可以任意缩放而不影响图像质量。

在UI动效设计过程中，用户可以将Illustrator制作的UI项目文件直接添加至After Effects中进行应用。该操作可以节省After Effects中绘制图形的时间，使UI动效的制作更加简单高效。

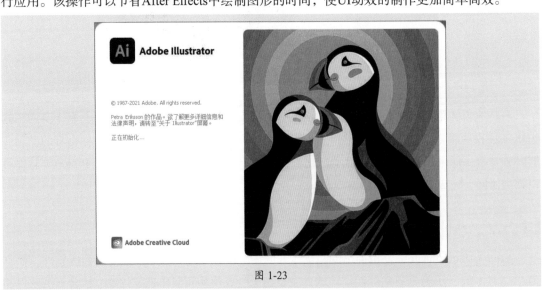

图 1-23

新手答疑

1. Q：什么是 UI 动效设计？

A：UI动效设计（User Interface Motion Design）指的是在用户界面设计中加入动画和过渡效果，以提升用户体验和增强界面的直观性与互动性。UI动效可以指导用户的注意力，解释复杂的过程，以及增加用户操作的满足感。合理运用动效设计可以使用户界面更加生动和友好。

2. Q：动效持续时间都比较短吗？

A：并不是。页面中的一些装饰性动效，或用于吸引用户注意力的动效一般会维持较长的时间。

3. Q：不同设备或情况下动效的持续时间一般是多久？

A：一般来说动效的持续时间应该在200～500ms，不同设备的持续时间也有着略微的差别，其中手机端的UI动效持续时间一般为200～300ms；平板电脑在手机端的基础上增加约30%，为400～450ms；可穿戴设备减少约30%，为150～200ms；网页中的动效持续时间需要特别考虑，由于用户习惯快速浏览且在不同的状态间快速切换，其持续时间要比手机端短，约为150～200ms；对于项目较多的列表项来说，各项出现应仅有短暂的延迟，约为20～25ms，以避免用户感到拖沓。

4. Q：UI 动效输出格式是什么？

A：UI动效的输出格式需要根据不同的需求和场景进行选择，一般包括GIF、MP4、WebP、SVG、PNG序列等，其中较为常用的有GIF、MP4及WebP。GIF具有较好的兼容性，广泛应用于互联网，但由于文件大小问题，多适用于短时间或简单的动画；MP4是一种视频格式，适用于在网页或应用程序中嵌入动画效果，但不适合频繁或大量的动画；WebP是一种图像格式，具有较好的压缩效果和兼容性，多用于网页中嵌入动画效果。

5. Q：动效在界面中的编排方式是什么？

A：界面动效的编排是指通过运动来引导用户的注意力，从一种状态过渡到另一种状态，一般包括同级动效和从属动效两种方式。同级动效表示所有的元素都遵循一个方向来引导用户的注意力；从属动效是指使用一个主体作为主要表现对象，而其他的元素从属于该对象逐步呈现。

6. Q：如何使动效更加自然？

A：动效应该符合物理规律，如运动轨迹、速度等，让用户更容易理解和接受。在制作动效时，可以考虑添加缓动效果，即物体在物理规则下渐进加速或减速的效果，该效果可以使物体的运动更加自然。一般来说当元素加速飞出屏幕时可以使用加速运动；当元素从屏幕外运动到屏幕内时可以使用减速运动。

第2章

After Effects
应用基础

After Effects是制作UI动效的常用软件之一，通过After Effects可以很好地呈现动态的效果。本章对After Effects软件的基础知识进行介绍，包括After Effects的工作界面、项目文件的新建与编辑、合成的创建与输出、素材的导入与管理等。

2.1 After Effects工作界面

"工具"面板、"项目"面板、"合成"面板、"时间轴"面板等组成了After Effects工作界面，如图2-1所示。这些组成部分在After Effects软件中起着不同的作用，可以帮助用户实现精彩纷呈的动态效果，本节对After Effects的工作界面进行介绍。

图2-1

2.1.1 "工具"面板

"工具"面板包括一些常用的工具按钮，如选取工具、手形工具、缩放工具、旋转工具、形状工具、钢笔工具、文字工具等，如图2-2所示。其中部分图标右下角为小三角形的工具含有多重工具选项，单击并按住不放即可看到隐藏的工具。

图2-2

2.1.2 "项目"面板

"项目"面板存放着After Effects文档中所有的素材文件、合成文件以及文件夹，如图2-3所示。面板中显示素材的名称、类型、大小、媒体持续时间、文件路径等信息。用户还可以单击下方的按钮进行新建合成、新建文件夹等操作。

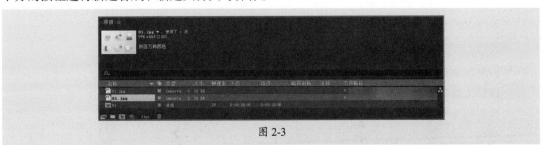

图2-3

2.1.3 "合成"面板

"合成"面板可以实时显示合成画面的效果，具有预览、控制、操作、管理素材、缩放窗口比例等功能，用户可以直接在该面板上对素材进行编辑。图2-4所示为"合成"面板。

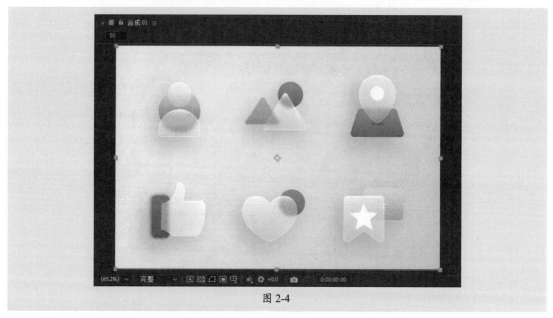

图 2-4

2.1.4 "时间轴"面板

"时间轴"面板可以精确设置合成中各种素材的位置、特效、属性等参数，从而控制图层效果和图层运动，还可以调整图层的顺序、制作关键帧动画等，是After Effects中最重要的面板之一。图2-5所示为展开的"时间轴"面板。

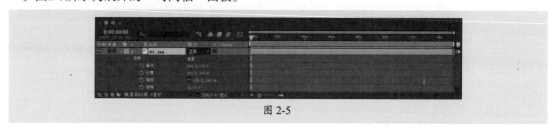

图 2-5

2.1.5 其他面板

标准工作区右侧还停靠着一些折叠起来的常用面板，如"音频"面板、"效果和预设"面板、"信息"面板等，如图2-6所示。执行"窗口"命令，在其子菜单中执行命令还可以打开更多的面板辅助操作，如图2-7所示。

常用的一些面板作用如下。

- **信息：** 显示素材的相关信息。
- **音频：** 显示混合声道输出音量的大小。
- **效果和预设：** 显示软件中的各种视频效果、音频效果及预设效果。
- **段落：** 用于设置段落文本的相关属性。

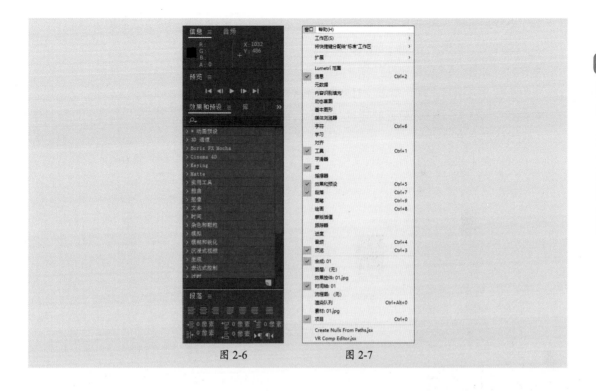

图 2-6   图 2-7

2.2 After Effects基础操作

新建项目是开始After Effects软件操作的第一步。一个项目可以包含多个合成及素材，在完成动效设计后将其渲染输出，即可进行应用。本节对此进行介绍。

2.2.1 创建项目文件

项目是存储在硬盘中的单独文件，用户可以通过以下3种常用的方式创建项目。

- 单击主页中的"新建项目"按钮 新建项目。
- 执行"文件"|"新建"|"新建项目"命令。
- 按Ctrl+Alt+N组合键。

这3种方式都可以新建默认的项目文档。若想对项目进行设置，可以在新建项目后单击"项目"面板名称右侧的"菜单"按钮 ，在弹出的快捷菜单中执行"项目设置"命令，打开"项目设置"对话框，如图2-8所示。在该对话框中根据需要设置项目参数。

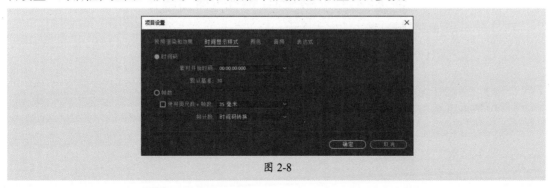

图 2-8

除了新建项目外，用户也可以打开已有的项目文件进行操作。常用的方式有以下4种。

- 在文件夹中直接双击After Effects项目文件将其打开。
- 执行"文件"|"打开项目"命令或按Ctrl+O组合键，打开图2-9所示的"打开"对话框选择要打开的项目文件，单击"打开"按钮将其打开。
- 执行"文件"|"打开最近的项目"命令，在其子菜单中显示最近打开的文件，选择具体项目将其打开。
- 在文件夹中找到要打开的项目文件，拖曳至"项目"面板或"合成"面板中。

图 2-9

2.2.2 创建合成

合成是After Effects的核心功能之一，是指将多个不同元素组合在一起形成整体的过程。本小节对创建合成的方式进行介绍。

1. 创建空白合成

创建空白合成的方式有以下3种。

- 执行"合成"|"新建合成"命令。
- 按Ctrl+N组合键。
- 单击"项目"面板底部的"新建合成"按钮 ▣。

这3种方式都可以打开"合成设置"对话框，如图2-10所示。在该对话框中设置参数后单击"确定"按钮创建空白合成。

图 2-10

2. 基于单个素材新建合成

在"项目"面板选中某个素材右击，在弹出的快捷菜单中执行"基于所选项新建合成"命令，如图2-11所示。或将素材拖曳至"项目"面板底部的"新建合成"按钮■可基于素材新建合成。

3. 基于多个素材新建合成

在"项目"面板同时选择多个文件后右击，在弹出的快捷菜单中执行"基于所选项新建合成"命令，或将素材拖曳至"项目"面板底部的"新建合成"按钮■上，打开"基于所选项新建合成"对话框，如图2-12所示。在该对话框中设置参数后单击"确定"按钮即可按照设置基于多个素材创建合成。

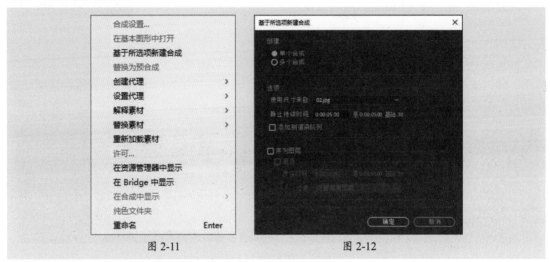

图 2-11　　　　　　　　　　　　　　　图 2-12

该对话框中部分常用选项作用如下。

- **使用尺寸来自：** 用于选择新合成从中获取合成设置的素材项目。
- **静止持续时间：** 用于设置添加的静止图像的持续时间。
- **添加到渲染队列：** 选择该复选框可将新合成添加到渲染队列中。
- **序列图层：** 按顺序排列图层，可以选择使其在时间上重叠、设置过渡的持续时间以及选择过渡类型。

> **注意事项**
>
> 选中合成执行"合成"|"合成设置"命令或按Ctrl+K组合键打开"合成设置"对话框重新设置合成参数。要注意的是，虽然用户可以随时更改合成设置，但考虑最终输出，最好是在创建合成时指定帧长宽比和帧大小等参数。

2.2.3　动效的渲染与输出

通过After Effects完成动效的制作后，可以将其输出为不同的格式，以便后续的操作。下面对此进行介绍。

1. 预览合成

设计UI动效时，可以通过预览及时地查看制作效果。执行"窗口"|"预览"命令，打开

"预览"面板，如图2-13所示。在该面板单击"播放/停止"按钮即可控制"合成"面板素材的播放。"预览"面板部分选项作用如下。

- **快捷键：** 用于设置播放/停止预览的键盘快捷键。
- **在预览中播放视频⊙：** 启用后预览会播放视频。
- **在预览中播放音频◁：** 启用后预览会播放音频。
- **范围：** 用于设置要预览的帧的范围。
- **帧速率：** 用于设置预览的帧速率。选择自动可与合成的帧速率相等。
- **跳过：** 用于设置预览时要跳过的帧数，以提高回放性能。
- **分辨率：** 用于设置预览分辨率。

图 2-13

2. 渲染输出

渲染输出需要在"渲染队列"面板进行。选中要渲染的合成，执行"合成"|"添加到渲染队列"命令或按Ctrl+M组合键即可将合成添加至渲染队列，如图2-14所示。将合成添加至"渲染队列"面板后，合成将变为渲染项，软件支持批量渲染多个渲染项。

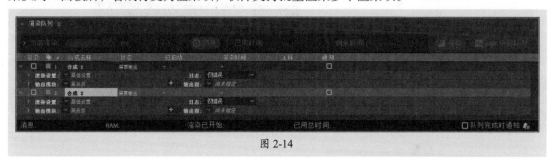

图 2-14

（1）渲染设置

渲染设置可以对合成的基本信息、时间采样、帧速率等进行设置。单击"渲染队列"面板"渲染设置"右侧的蓝色文字，打开"渲染设置"对话框，如图2-15所示。该对话框中部分选项作用如下。

- **品质：** 用于设置合成的品质，包括当前设置、最佳、草图和线框4个选项。
- **分辨率：** 用于设置合成的分辨率。
- **代理使用：** 用于设置渲染时是否使用代理。
- **场渲染：** 用于设置渲染合成的场渲染技术。
- **时间跨度：** 用于设置要渲染合成的内容。
- **帧速率：** 用于设置渲染影片时使用的采样帧速率。

（2）输出模块

输出模块设置可以设置输出内容的格式等。单击"渲染队列"面板"输出模块"右侧的蓝色文字，打开"输出模块设置"对话框，如图2-16所示。该对话框中部分选项作用如下。

- **格式：** 用于设置输出文件或文件序列的格式。
- **格式选项：** 单击该按钮打开相应的格式选项对话框，以设置视频及音频参数。
- **通道：** 用于设置输出通道。

- **深度：**用于设置输出影片的颜色深度。
- **颜色：**用于设置使用Alpha通道创建颜色的方式。
- **调整大小：**用于设置输出影片的大小。
- **裁剪：**用于在输出影片的边缘减去或增加像素行或列。其中数值为正将裁剪输出影片，数值为负将增加像素行或列。
- **音频输出：**用于设置输出音频参数。

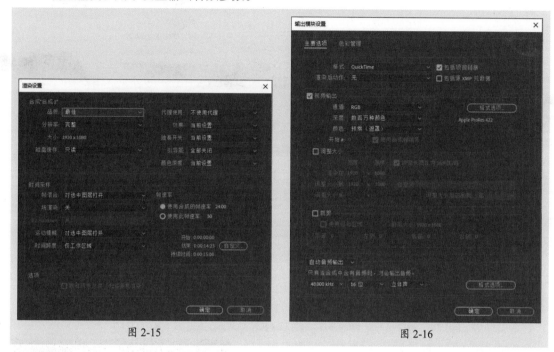

图 2-15　　　　　　　　　　　　　　　　图 2-16

注意事项

单击"输出到"右侧的蓝色文本可打开"将影片输出到"对话框设置文件的存储路径及存储名称。

2.2.4　保存和关闭项目文件

及时地保存文件有利于后续的编辑修改，同时还可以有效避免误操作或意外关闭带来的损失。下面对此进行介绍。

1. 保存项目

第一次保存项目文件，在执行"文件"|"保存"命令或按Ctrl+S组合键后，打开如图2-17所示的"另存为"对话框，用户可以在该对话框中指定项目文件的名称及存储位置。完成后单击"保存"按钮即可按照设置保存文件。

非首次保存的项目文件，执行保存命令后依照原有设置覆盖原项目保存。

2. 另存为

执行"文件"|"另存为"命令，在子菜单中执行命令可以将文件另存、保存副本或保存为XML文件，图2-18所示为"另存为"子菜单。

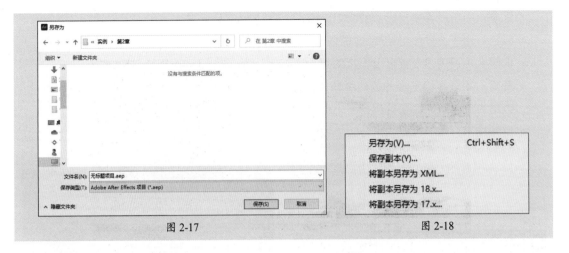

图 2-17   图 2-18

其中常用的子命令作用如下。

- **另存为：** 重新保存当前项目文件，设置不同的保存路径或名称，而不影响原文件。
- **保存副本：** 备份文件，其内容和原文件一致。
- **将副本另存为XML：** 将当前项目文件保存为XML编码文件。

知识点拨

XML中文名为可扩展标记语言，是一种简单的数据存储语言。

3. 关闭项目

完成动效设计后，执行"文件"|"关闭项目"
命令关闭当前项目文件。若关闭之前没有保存文件，
软件自动弹出提示对话框提醒用户是否保存文件，如
图2-19所示。

图 2-19

动手练 渲染动效文件

本案例练习渲染动效文件。涉及的知识点包括打开项目文件、渲染输出、保存
文件等，下面对具体的操作步骤进行介绍。

步骤 01 打开After Effects软件，执行"文件"|"打开项目"命令，打开"打
开"对话框选择本章素材文件，如图2-20所示。

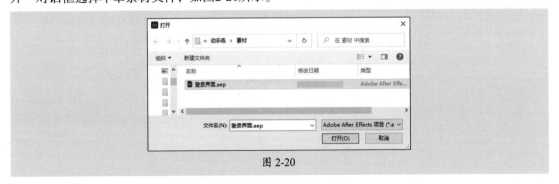

图 2-20

步骤 **02** 单击"打开"按钮打开本章素材文件，如图2-21所示。

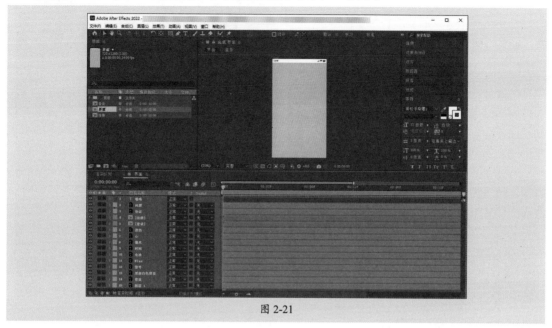

图 2-21

步骤 **03** 按空格键预览动效效果，如图2-22所示。

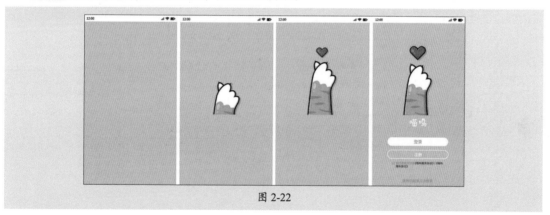

图 2-22

步骤 **04** 选中"项目"面板中的"界面"合成，执行"合成"|"添加到渲染队列"命令将其添加至渲染队列，如图2-23所示。

图 2-23

步骤 **05** 单击"渲染队列"面板"渲染设置"右侧的蓝色文字，打开"渲染设置"对话框并设置参数，如图2-24所示。

步骤 **06** 完成后单击"确定"按钮。单击"渲染队列"面板"输出模块"右侧的蓝色文字，打开"输出模块设置"对话框，设置参数，如图2-25所示。

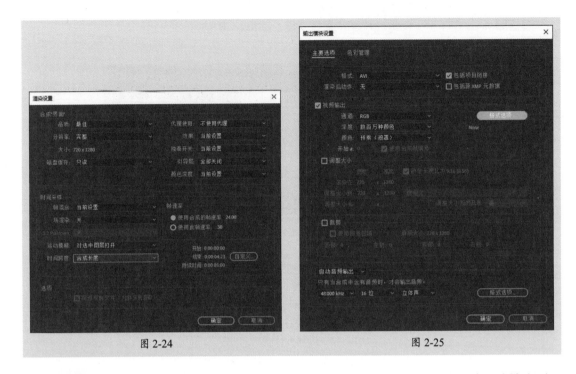

<table>
<tr><td>图 2-24</td><td>图 2-25</td></tr>
</table>

步骤 07 完成后单击"确定"按钮。单击"输出到"右侧蓝色文字，打开"将影片输出到"对话框，设置存储位置及名称，如图2-26所示。

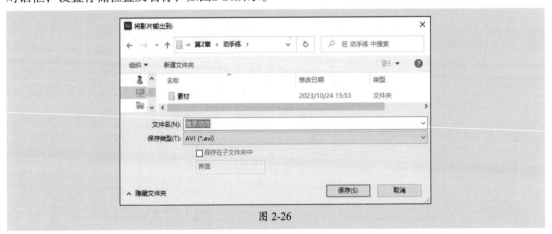

图 2-26

步骤 08 完成后单击"保存"按钮，单击"渲染队列"中的"渲染"按钮 开始渲染，如图2-27所示。

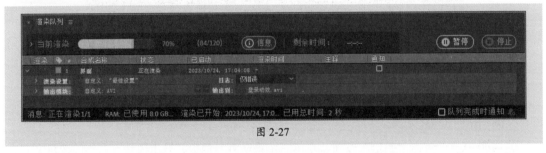

图 2-27

步骤 09 等待进度条完成后在设置位置找到输出的动效，如图2-28所示。

图 2-28

步骤 10 切换至After Effects软件，执行"文件"|"另存为"|"另存为"命令，打开"另存为"对话框，设置存储路径和名称等信息，如图2-29所示。完成后单击"保存"按钮保存文件。

图 2-29

至此完成动效文件的渲染与输出。

2.3 素材的导入和管理

素材是项目文件中的基本组成部分。用户可以在软件中创建素材或导入外部素材应用，同时为了更好地管理素材，可以对其进行排序、归纳等操作。本节对此进行介绍。

┃2.3.1 导入素材

常用的导入素材的方式有以下5种。

- 执行"文件"|"导入"|"文件"命令或按Ctrl+I组合键，打开"导入文件"对话框，如图2-30所示。在该对话框中选择要导入的素材文件后单击"导入"按钮即可。

图 2-30

- 执行"文件"|"导入"|"导入文件"命令或按Ctrl+Alt+I组合键,打开"导入多个文件"对话框。
- 在"项目"面板素材列表空白区域右击,在弹出的菜单中执行"导入"|"文件"命令。
- 在"项目"面板素材列表空白区域双击。
- 将素材文件或文件夹直接拖曳至"项目"面板。

2.3.2 管理素材

有效地管理素材便于后续的应用及团队协作,尤其是需要应用大量素材的时候。本小节对管理素材的操作进行介绍。

1. 排序素材

"项目"面板存放着项目文件中的素材。用户可以单击属性标签使素材按照该属性进行排序。图2-31所示为按"名称"排序的效果。再次单击可反向排列顺序。

图 2-31

2. 归纳素材

在素材类别较为明显的情况下,用户可以通过创建文件夹来归纳素材。常用创建文件夹的方式有以下3种。

- 执行"文件"|"新建"|"新建文件夹"命令或按Ctrl+Alt +Shift +N组合键。
- 在"项目"面板素材列表空白区域右击,在弹出的快捷菜单中执行"新建文件夹"命令。
- 单击"项目"面板下方的"新建文件夹"按钮。

使用以上3种方式都可在"项目"面板新建一个名称处于可编辑状态的文件夹,如图2-32所示。设置名称后将素材按照类别拖曳至不同的文件夹中进行归纳。

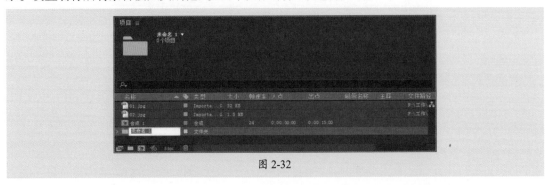

图 2-32

3. 搜索素材

在"项目"面板的素材数量过多时，搜索素材可以及时找到需要的素材。单击"项目"面板的搜索框，输入关键字即可快速找到对应的素材，如图2-33所示。

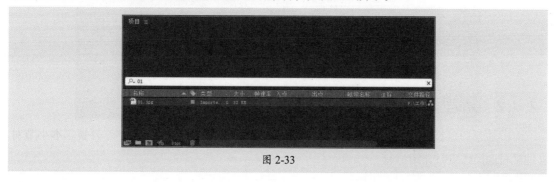

图 2-33

4. 替换素材

"替换素材"命令可以在不影响整体动效的情况下，单独替换某个素材。在"项目"面板中选择要替换的素材右击，在弹出的快捷菜单中执行"替换素材"|"文件"命令，打开"替换素材文件"对话框，选择要替换的素材，如图2-34所示。完成后单击"导入"按钮用选中的素材替换"项目"面板中的素材。

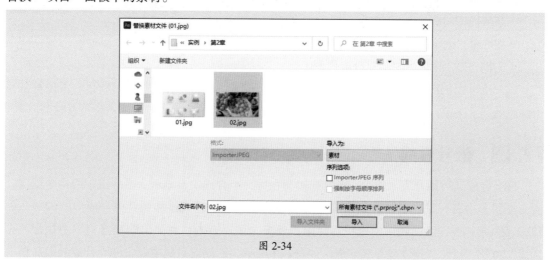

图 2-34

要注意的是，在"替换素材文件"对话框中需要取消选择"ImporterJPEG序列"复选框，以避免"项目"面板中同时存在两个素材而导致替换失败的情况出现。

5. 代理素材

代理素材是指使用一个低质量的素材替换高质量的素材，以减轻剪辑软件运行的压力，在制作完成输出时，再替换回高品质素材。用最终素材替换图层的代理时，将保留应用到图层的任何蒙版、属性、表达式、效果和关键帧。

在"项目"面板选中编辑好的素材右击，在弹出的快捷菜单中执行"创建代理"命令，在其子菜单中执行命令创建静止图像代理或影片代理。在"渲染队列"对话框中单击"输出到"右侧的蓝色文本，打开"将帧输出到"对话框，设置代理的名称和输出目标后，在"渲染队列"面板指定渲染设置后单击"渲染"按钮 创建代理，如图2-35所示。

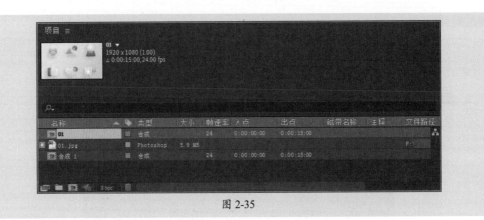

图 2-35

知识点拨

用户也可以执行"文件"|"设置代理"|"文件"命令或按Ctrl+Alt+P组合键，打开"设置代理文件"对话框选择代理文件进行应用。

"项目"面板通过标记素材名称指出目前使用的是实际素材，还是其代理。

- **实心框**：表示整个项目在使用代理。当选定素材项目后，在"项目"面板的顶端用粗体显示代理的名称。
- **空心框**：表示虽然已分配了代理，但整个项目在使用实际素材。
- **无框**：表示未向素材项目分配代理。

用户也可以使用"替换素材"命令中的占位符临时使用其内容代替素材项目。占位符是一个静止的彩条图像，执行该命令后软件自动生成占位符，而不需提供相应的占位符素材。

2.3.3 嵌套合成

嵌套合成又称预合成，是指一个合成嵌套在另一个合成中，显示为主合成中的一个图层。嵌套图层多由各种素材以及合成组成，用户可通过将现有合成添加到其他合成中的方法，创建嵌套合成。在"时间轴"面板中选择单个或多个图层右击，在弹出的快捷菜单中执行"预合成"命令，打开"预合成"对话框，如图2-36所示。在该对话框中设置嵌套合成参数后单击"确定"按钮创建预合成。

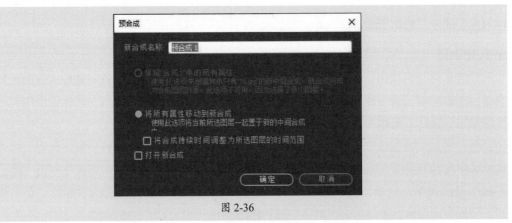

图 2-36

动手练 整理动效文件素材

本案例练习整理动效文件素材，涉及的知识点包括素材的导入、素材的管理等。具体的操作步骤如下。

步骤 01 打开After Effects软件，执行"文件"|"打开项目"命令，打开"打开"对话框，选择本章素材文件，如图2-37所示。

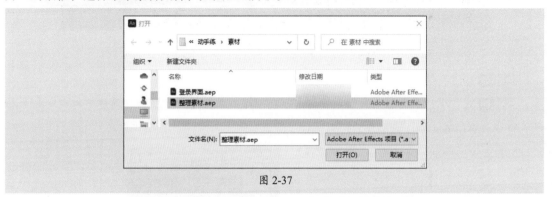

图 2-37

步骤 02 单击"打开"按钮，打开本章素材文件，如图2-38所示。

图 2-38

步骤 03 按Ctrl+I组合键，打开"导入文件"对话框，选择要导入的素材文件，如图2-39所示。

图 2-39

步骤 04 单击"导入"按钮，导入本章素材文件并添加至"时间轴"面板中，如图2-40所示。

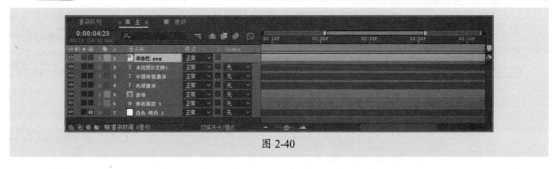

图 2-40

步骤 05 在"合成"面板中调整素材位置，完成后效果如图2-41所示。

步骤 06 在"项目"面板列表空白处右击，在弹出的快捷菜单中执行"新建文件夹"命令新建文件夹并重命名，如图2-42所示。

图 2-41 　　　　　　　　　　　图 2-42

步骤 07 将"纯色"文件夹中的素材和"状态栏.png"素材拖曳至新建的文件夹中，如图2-43所示。删除"纯色"文件夹。

步骤 08 使用相同的方法新建文件夹并归纳素材文件，如图2-44所示。

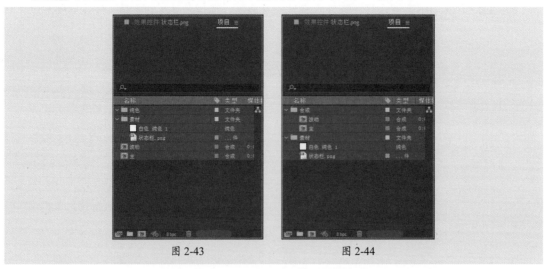

图 2-43 　　　　　　　　　　　图 2-44

步骤09 按Ctrl+Shift+S组合键，打开"另存为"对话框，设置存储位置及名称等参数，如图2-45所示。完成后单击"保存"按钮保存文件。

图 2-45

至此完成动效文件素材的整理。

2.4 软件间的协同工作

软件间的协同工作可以提升工作效率，增加多任务处理能力。在制作UI动效时，用户可以综合使用After Effects、Photoshop、Illustrator等软件。下面对此进行介绍。

2.4.1 在After Effects中应用PSD文件

After Effects软件可以直接应用PSD文件，且保留图层格式。在导入素材时选择PSD文件后单击"导入"按钮将打开对应的对话框，如图2-46所示。

该对话框中各选项作用如下。

● **导入种类：** 用于选择导入的素材种类，选择"素材"选项时，可以选择要导入的图层，如图2-47所示。选择"合成"选项或"合成-保持图层大小"选项时，将导入所有图层并新建一个合成。区别在于选择"合成"选项时每个图层的大小匹配合成帧的大小，而选择"合成-保持图层大小"选项时每个图层保持其原始大小。图2-48、图2-49所示分别为选择"合成"选项和"合成-保持图层大小"选项时的效果。

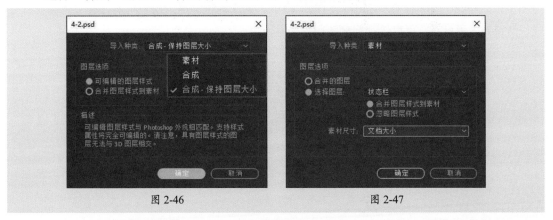

图 2-46   图 2-47

图 2-48　　　　　　　　　图 2-49

● **图层选项**：在导入种类为"合成"或"合成-保持图层大小"时，该选项用于设置PSD文件的图层样式。选择"可编辑的图层样式"选项，受支持的图层样式属性为可编辑状态；选择"合并图层样式到素材"选项，可以将图层样式合并到图层中，虽然可加快渲染，但其外观可能与Photoshop中的图像外观不一致。

|**注意事项**|

带图层样式的图层会干扰3D图层的交叉和阴影投射。

除了导入PSD文件，After Effects中还可以直接创建PSD文件。执行"图层"|"新建"|"Adobe Photoshop文件"命令，在合成中新建图层及PSD文件。在Photoshop中打开该图层的源即可进行可视化元素的设计。通过该方法创建的PSD文件与After Effects中的合成设置完全一致。

2.4.2　在After Effects中应用AI文件

与PSD文件的导入类似，After Effects中同样支持导入带图层的AI文件。在导入素材时选择AI文件后单击"导入"按钮打开对应的对话框，如图2-50所示。用户可以选择导入素材或合成。选择导入素材时，可以选择部分图层导入。

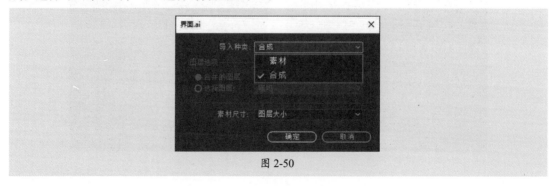

图 2-50

> **注意事项**
>
> 　在导入AI文件之前，需要在Illustrator软件中执行"释放到图层"命令将对象分离为单独的图层，这样才可以在After Effects中导入分层的文件。

⚛ 实战演练：创建清理加速动效

　　本案例利用所学知识制作清理加速动效，涉及的知识点包括项目及合成的创建、素材的导入等。下面对具体的操作步骤进行介绍。

　步骤 01 打开After Effects软件，单击"主页"中的"新建项目"按钮新建项目，按Ctrl+I组合键打开"导入文件"对话框，选择要导入的素材文件，如图2-51所示。

图 2-51

　步骤 02 单击"导入"按钮，在弹出的"清理加速.ai"对话框中设置参数，如图2-52所示。

　步骤 03 单击"确定"按钮导入素材文件，如图2-53所示。

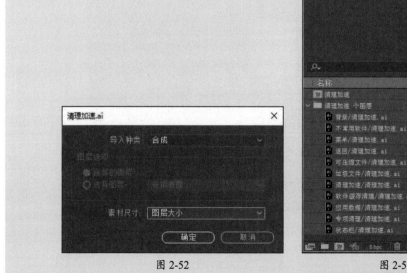

图 2-52　　　　　　　　　　图 2-53

步骤 04 双击"项目"面板中的"清理加速"合成，将其在"时间轴"面板打开，如图2-54所示。

图 2-54

步骤 05 选中除"背景"图层和"状态栏"图层以外的图层，按P键展开其"位置"属性。移动当前时间指示器至0:00:04:00处，单击"位置"属性左侧的"时间变化秒表"按钮◎添加关键帧，如图2-55所示。

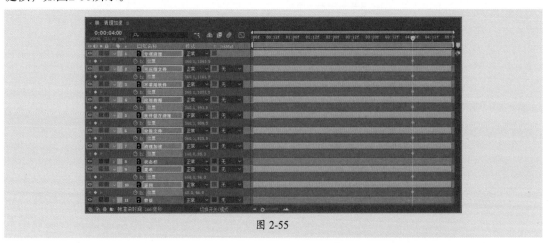

图 2-55

步骤 06 移动当前时间指示器至0:00:02:00处，在"合成"面板中拖曳更改界面下半部分内容的位置，在"对齐"面板设置图层"垂直均匀分布"，效果如图2-56所示。

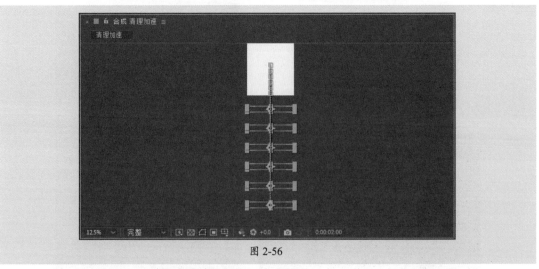

图 2-56

步骤 07 "时间轴"面板自动生成关键帧，如图2-57所示。

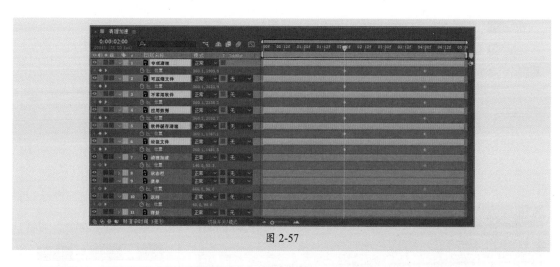

图 2-57

步骤 08 移动当前时间指示器至0:00:01:00处，在"时间轴"面板中调整"清理加速""菜单"和"返回"图层的关键帧位置，如图2-58所示。

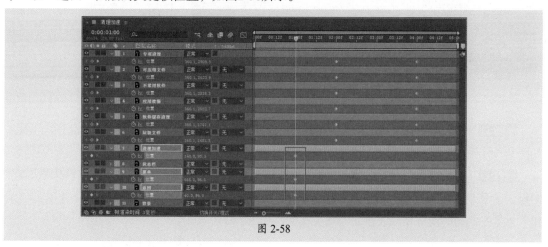

图 2-58

步骤 09 移动当前时间指示器至0:00:00:00处，在"合成"面板调整"清理加速""菜单"和"返回"图层的位置，如图2-59所示。

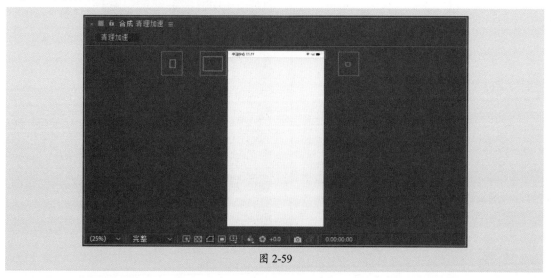

图 2-59

步骤 **10** "时间轴"面板自动生成关键帧,如图2-60所示。

步骤 **11** 移动当前时间指示器至0:00:04:00处,按住Ctrl+Shift组合键,使用"椭圆工具"按钮 在"合成"面板合适位置绘制圆,调整其与合成垂直居中对齐,效果如图2-61所示。

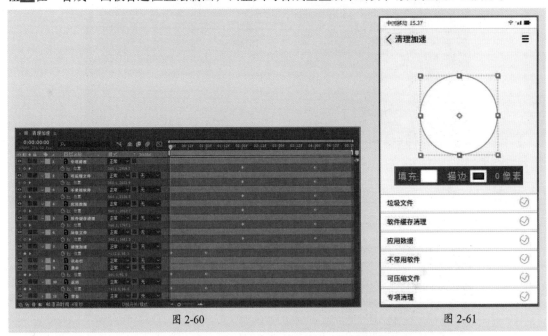

图 2-60   图 2-61

步骤 **12** 取消选择对象,使用"矩形工具"绘制矩形,设置填充为绿色(#3BB610),效果如图2-62所示。

步骤 **13** 在"效果和预设"面板搜索"湍流置换"特效,拖曳至矩形所在的"形状图层2"图层上。移动当前时间指示器至0:00:00:00处,在"效果控件"面板中设置参数,并单击"演化"参数左侧的时间变化秒表按钮添加关键帧,如图2-63所示。

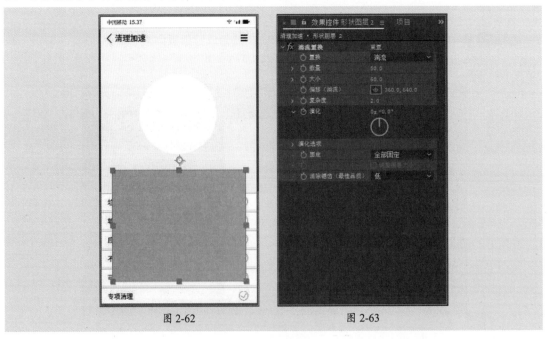

图 2-62   图 2-63

步骤14 选中"形状图层2",按P键展开"位置"属性,添加关键帧,如图2-64所示。

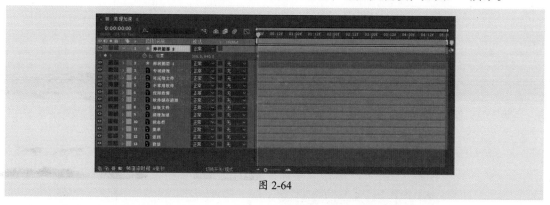

图 2-64

步骤15 移动当前时间指示器至0:00:04:00处,在"效果控件"面板设置"演化"参数,如图2-65所示。

步骤16 在"合成"面板移动矩形位置,如图2-66所示。

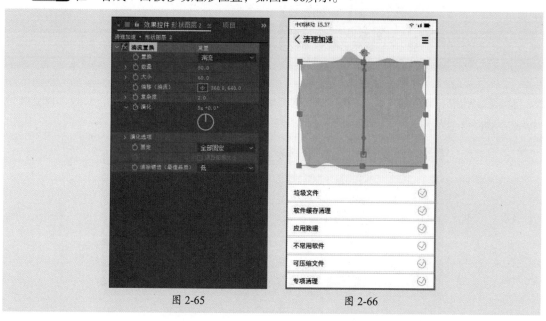

图 2-65   图 2-66

步骤17 "时间轴"面板自动出现关键帧,选中"形状图层2",按U键显示关键帧参数,如图2-67所示。

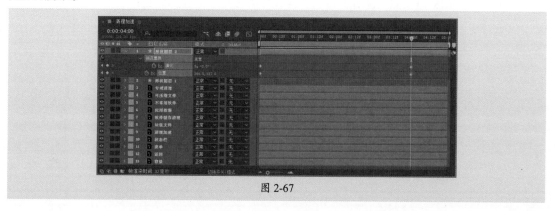

图 2-67

步骤18 在"效果和预设"面板搜索"设置遮罩"特效，拖曳至矩形所在的"形状图层2"图层上，在"效果控件"面板中设置参数，如图2-68所示。在"合成"面板预览效果，如图2-69所示。

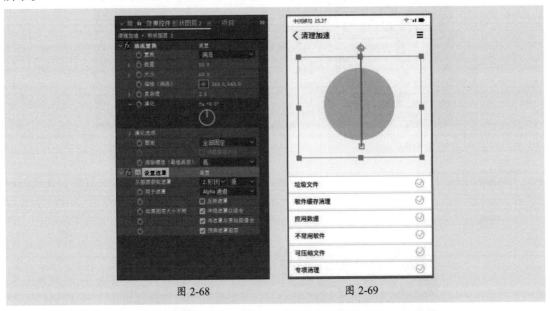

图 2-68   图 2-69

步骤19 选中"时间轴"面板中的"形状图层2"，按T键展开"不透明度"参数，设置数值为40%，如图2-70所示。

图 2-70

步骤20 按Ctrl+D组合键，复制选中的"形状图层2"，按U键展开复制图层的关键帧属性，移动当前时间指示器至0:00:00:00处，设置"演化"参数和"位置"参数，如图2-71所示。

图 2-71

步骤21 移动当前时间指示器至0:00:03:00处，在不选中任何图层的情况下使用"钢笔工具"在合成面板中绘制形状，如图2-72所示。

步骤22 单击"工具栏"中的"添加"按钮 添加 C，在弹出的快捷菜单中执行"修剪路径"命令，为新绘制的形状图层添加"修剪路径1"，如图2-73所示。

图 2-72　　　　　　　　　　　　　　　图 2-73

步骤23 在"时间轴"面板中展开"修剪路径1"参数，为"开始"参数添加关键帧，并设置"椭圆路径"方向和"结束"参数，如图2-74所示。

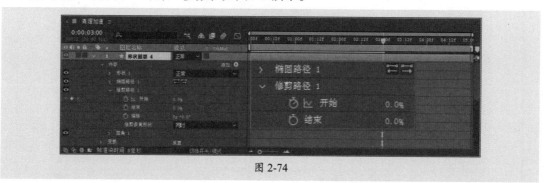

图 2-74

步骤24 移动当前时间指示器至0:00:04:00处，修改"开始"参数，软件自动添加关键帧，如图2-75所示。

图 2-75

步骤 25 按空格键预览动态效果，如图2-76所示。

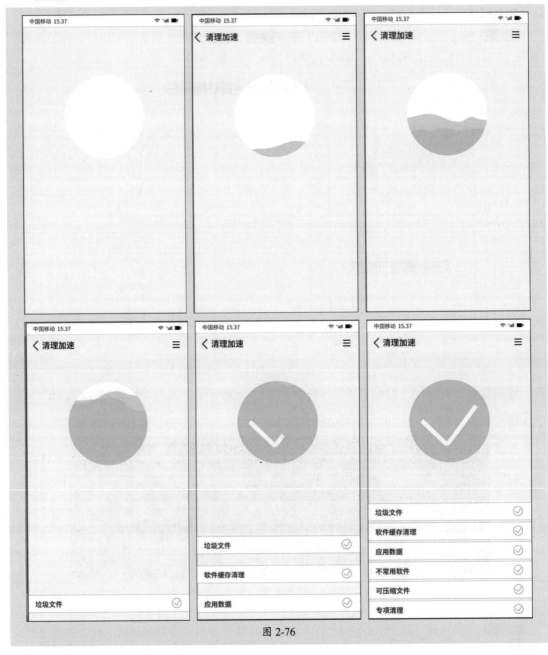

图 2-76

步骤 26 选中"项目"面板中的"界面"合成，执行"合成"|"添加到渲染队列"命令将其添加至渲染队列，如图2-77所示。

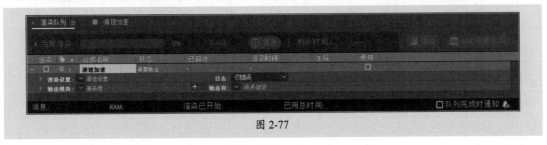

图 2-77

步骤 27 单击 "输出到" 右侧蓝色文字打开 "将影片输出到" 对话框，设置存储位置及名称，如图2-78所示。

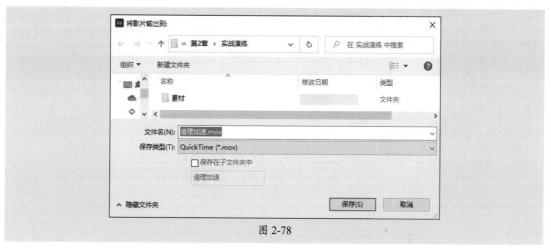

图 2-78

步骤 28 单击 "保存" 按钮，单击 "渲染队列" 中的 "渲染" 按钮 开始渲染，如图2-79所示。

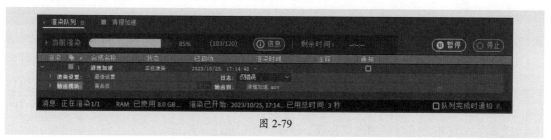

图 2-79

步骤 29 等待进度条完成后执行 "文件" | "另存为" | "另存为" 命令，打开 "另存为" 对话框，设置存储路径和名称等信息，如图2-80所示。完成后单击 "保存" 按钮保存文件。

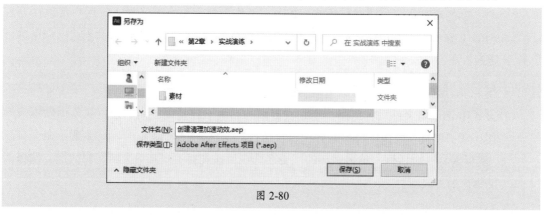

图 2-80

至此完成清理加速动效的制作与输出。

新手答疑

1. Q：为什么要使用 After Effects 软件制作 UI 动效？

　　A： After Effects是一款优秀的图形视频处理软件，其动画制作功能非常强大，同时具备丰富的预设效果和完善的合成功能。After Effects可以与其他Adobe软件，如Photoshop、Illustrator等无缝衔接，方便设计师进行数据传输和协同工作，高效地制作高质量的UI动效。

2. Q：After Effects 支持什么输出格式？

　　A： After Effects支持的输出格式比较有限，视频格式只有AVI和MOV两种，其他格式也以序列图为主，如PNG序列、Web等。用户可以在"输出模块设置"对话框中选择输出格式。

3. Q：After Effects 软件可以输出 MP4 格式吗？

　　A： After Effects CC系列版本后就取消了直接渲染输出MP4的功能。用户可以通过插件或Adobe Media Encoder渲染输出MP4格式，也可以选择输出其他格式后通过格式转换工具进行转换。

4. Q：导入分层文件时合并的素材项目还可以转换为合成吗？

　　A： 将分层文件如PSD文件或AI文件作为素材导入时，其所有图层将合并为一个整体。若想访问素材项目的单个组件，可以将其转换为合成。在"项目"面板选择素材项目后执行"文件"|"替换素材"|"带分层合成"命令或在"时间轴"面板选择图层后执行"图层"|"创建"|"转换为图层合成"命令均可实现这一效果。

5. Q：CMYK 颜色模式的 PSD 文件导入 After Effects 软件中为什么不是分层文件？

　　A： After Effects仅支持以RGB或灰度颜色模式保存的PSD分层文件，CMYK、LAB、双色调、单色调以及三色调颜色模式的PSD文件作为单个拼合图像导入。用户可以在导入After Effects之前在Photoshop中更改文档的颜色模式，执行"图像"|"模式"命令进行更改。

6. Q：导入 Illustrator 文件后怎么消除锯齿？

　　A： 导入Illustrator文件后，可以指定是在更高的品质下还是以更高的速度执行消除锯齿操作。在"项目"面板中选择素材项目，执行"文件"|"解释素材"|"主要"命令打开"解释素材"对话框，单击底部的"更多选项"按钮打开"EPS选项"对话框，选择消除锯齿的方式即可。

第3章
图层控制与动画

图层是After Effects中非常重要的内容，是进行动效制作的基础。本章对图层控制与动画进行介绍，包括不同的图层类型、创建图层的方式、图层的常用操作、关键帧的创建与编辑等。

3.1 图层的基本操作

After Effects属于层类型后期制作软件，图层在其中起着非常重要的作用，结合其他操作，可以制作丰富多彩的动效效果。本节对图层的基本操作进行介绍。

▌3.1.1 创建图层

After Effects包括多种类型的图层，这些图层的创建方式大同小异。下面对常用的创建图层的方式进行介绍。

1. 创建新图层

执行"图层"|"新建"命令，在其子菜单中执行命令创建相应的图层，如图3-1所示。

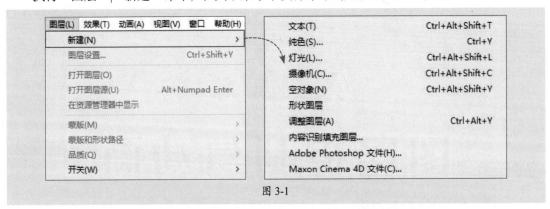

图 3-1

用户也可以在"时间轴"面板空白处右击，在弹出的快捷菜单中执行"新建"命令，在其子菜单中执行命令创建图层，如图3-2所示。

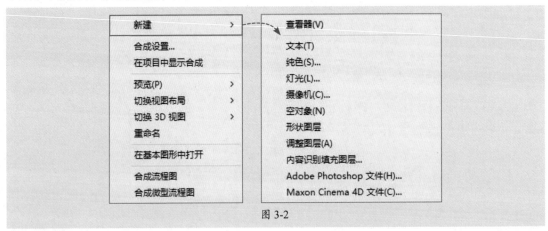

图 3-2

> **注意事项**
>
> 部分类型的图层在创建时，会弹出对话框以设置图层参数。

2. 根据导入的素材创建图层

将"项目"面板中的素材直接拖曳至"时间轴"面板或"合成"面板，在"时间轴"面板中生成新的图层。

常见图层的作用分别如下。

- **素材图层：** After Effects中最常见的一种图层，将图像、视频、音频等素材从外部导入After Effects软件中，然后应用至"时间轴"面板形成的图层即为素材图层。
- **文本图层：** 用于创建文本。
- **纯色图层：** 用于创建任何颜色和尺寸（最大尺寸可达30000*30000像素）的纯色图层。
- **灯光图层：** 用于模拟不同种类的真实光源，模拟真实阴影效果。
- **摄像机图层：** 用于固定视角。
- **空对象图层：** 具有可见图层所有属性的不可见图层。用户可以将"表达式控制"效果应用于空对象，然后使用空对象控制其他图层中的效果和动画。空对象图层多用于制作父子链接和配合表达式等场景。
- **形状图层：** 用于制作多种矢量图形效果。在不选择任何图层的情况中，使用形状工具或钢笔工具可以直接在"合成"面板绘制形状生成形状图层。
- **调整图层：** 调整图层效果可以影响在图层堆叠顺序中位于该图层之下的所有图层。用户可以通过调整图层同时将效果应用于多个图层。
- **Photoshop图层：** 用于创建PSD图层及PSD文件。在Photoshop中打开该文件并进行更改保存后，After Effects中引用这个PSD源文件的部分也会随之更新。

3.1.2 管理图层

图层是After Effects软件中非常重要的元素。用户可以通过不同的操作使图层对象呈现更好的效果。下面对图层的编辑与管理进行介绍。

1. 选择图层

对图层进行编辑的前提是选中图层。用户可以通过以下3种常用方式选中图层。

- 在"时间轴"面板中单击图层将其选中；按住Ctrl键可加选不连续图层；按住Shift键单击选择两个图层，可选中这两个图层之间的所有图层。
- 在"合成"面板中单击选择素材，即可在"时间轴"面板中选中其对应的图层。
- 按图层对应的数字键，即可选中相应的图层。

选中图层后按Enter键或右击执行"重命名"命令，可进入编辑状态重新设置图层的名称。

2. 复制图层

在操作过程中若需要复制图层，可以通过以下3种常用方式。

- 在"时间轴"面板选择要复制的图层，执行"编辑"|"复制"和"编辑"|"粘贴"命令。
- 选择要复制的图层，分别按Ctrl+C和Ctrl+V组合键。
- 选择要复制的图层，按Ctrl+D组合键创建图层副本。

3. 删除图层

及时删除多余的图层可以减轻软件运算的负担，同时也可以避免误操作图层。选中要删除

的图层，执行"编辑"|"清除"命令、按Delete键或BackSpace键即可将其删除。

4. 剪辑／扩展图层

剪辑/扩展图层类似于Premiere中的调整素材持续时间。用户可以通过该操作使素材在指定的时间出现。移动光标至图层的入点或出点处，按住并拖曳即可剪辑图层。剪辑后的图层长度会发生变化，如图3-3所示。

图 3-3

移动当前时间指示器至目标位置，选中图层后按Alt+【组合键可以定义该图层的入点，按Alt+】组合键可以定义该图层的出点，从而达到剪辑或扩展素材的目的。

> **注意事项**
>
> 图像、纯色等图层可以随意剪辑或扩展，而视频图层和音频图层可以剪辑，但不能扩展超过自身时长。

5. 图层样式

执行"图层"|"图层样式"命令，在其子菜单中执行命令可以制作投影、描边、内发光等不同的效果，如图3-4所示。其作用分别如下。

- **投影：** 为图层增加阴影效果。
- **内阴影：** 为图层内部添加阴影效果，从而呈现立体感。
- **外发光：** 产生图层外部的发光效果。
- **内发光：** 产生图层内部的发光效果。
- **斜面和浮雕：** 模拟冲压状态，为图层制作浮雕效果，增加图层的立体感。
- **光泽：** 使图层表面产生光滑的磨光或金属质感效果。

图 3-4

- **颜色叠加：** 在图层上方叠加新的颜色。
- **渐变叠加：** 在图层上方叠加渐变颜色。
- **描边：** 使用颜色为当前图层的轮廓添加像素，使图层轮廓更加清晰。

添加图层样式后，"时间轴"面板自动出现相应的属性，如图3-5所示。用户可以在"时间轴"面板中设置参数调整图层样式的效果。

6. 父级和链接

父级和链接可以通过父图层影响子图层除不透明度以外的变换属性。更改父图层的变换属性时，子图层也会随之变化；反之无影响。一个图层只能有一个父级，但一个父图层可以包括多个子图层。

在"时间轴"面板的"父级和链接"列中选择要继承和变换的图层，即可创建父级关系，或选择"父级关联器"按钮⚙将其拖曳至父级对象上创建父级关系，如图3-6所示。

图 3-5

图 3-6

3.1.3 图层混合模式

通过图层混合模式，可以使图层之间产生奇妙的反应，呈现特殊的视觉效果。After Effects 包括30多种图层混合模式，如图3-7所示。下面对此进行介绍。

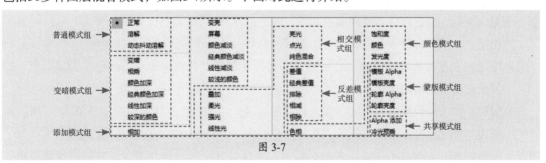

图 3-7

1. 普通模式组

正常、溶解和动态抖动溶解都属于普通模式组。在没有透明度影响的前提下，该组混合模式产生最终效果的颜色不受底层像素颜色的影响，除非底层像素的不透明度小于当前图层。

- **正常：** 图层默认的混合模式，当不透明度为100%时，此混合模式将根据Alpha通道正常显示当前层，并且此层的显示不受其他层的影响；当不透明度小于100%时，当前层的每一个像素点的颜色都将受到其他层的影响，会根据当前的不透明度值和其他层的色彩确定显示的颜色。
- **溶解：** 用于控制层与层之间的融合显示，对于有羽化边界的层会有较大影响。如果当前层没有遮罩羽化边界，或者该层设定为完全不透明，则该模式几乎是不起作用的。所以该混合模式的最终效果将受到当前层Alpha通道的羽化程度和不透明的影响。

- **动态抖动溶解**：类似溶解模式，但该模式在播放时会出现颗粒动态变化的效果。

2. 变暗模式组

变暗模式组中的混合模式可以变暗图像的整体颜色。该组包括变暗、相乘、颜色加深、经典颜色加深、线性加深和较深颜色6种混合模式。

- **变暗**：当选中该混合模式后，软件将查看每个通道中的颜色信息，并以基色或混合色中较暗的颜色作为结果色，即替换比混合色亮的像素，而比混合色暗的像素保持不变。
- **相乘**：对于每个颜色通道，将源颜色通道值与基础颜色通道值相乘，再除以8-bpc、16-bpc或33-bpc像素的最大值，具体取决于项目的颜色深度，但结果颜色决不会比原始颜色明亮。
- **颜色加深**：当选择该混合模式时，软件将查看每个通道中的颜色信息，并通过增加对比度使基色变暗以反映混合色，与白色混合不会发生变化。
- **经典颜色加深**：此模式为旧版本中的"颜色加深"模式，为了让旧版本的文件在新版软件中打开时保持原始的状态，因此保留了旧版本的"颜色加深"模式，并命名为"经典颜色加深"模式。
- **线性加深**：当选择该混合模式时，软件将查看每个通道中的颜色信息，并通过减弱亮度使基色变暗以反映混合色，与白色混合不会发生变化。
- **较深的颜色**：每个结果像素是源颜色值和相应的基础颜色值中的较深颜色。"较深的颜色"模式类似于"变暗"模式，但是"较深的颜色"模式不对各个颜色通道执行操作。

3. 添加模式组

添加模式组中的混合模式可以使当前图像中的黑色消失，从而使颜色变亮。该组包括相加、变亮、屏幕、颜色减淡、经典颜色减淡、线性减淡和较浅的颜色7种混合模式。

- **相加**：比较混合色和基色的所有通道值的总和，并显示通道值较小的颜色。
- **变亮**：查看每个通道中的颜色信息，并选择基色或混合色中较亮的颜色作为结果色，即替换比混合色暗的像素，而比混合色亮的像素保持不变。
- **屏幕**：加色混合模式，具有将颜色相加的效果。由于黑色意味着RGB通道值为0，所以该模式与黑色混合没有任何效果，而与白色混合则得到RGB颜色的最大值白色。
- **颜色减淡**：查看每个通道中的颜色信息，并通过减小对比度使基色变亮以反映混合色，与黑色混合则不会发生变化。
- **经典颜色减淡**：此模式为旧版本中的"颜色减淡"模式，为了让旧版本的文件在新版软件中打开时保持原始的状态，因此保留了旧版的"颜色减淡"模式，并命名为"经典颜色减淡"模式。
- **线性减淡**：查看每个通道中的颜色信息，并通过增加亮度使基色变亮以反映混合色，与黑色混合不会发生变化。
- **较浅的颜色**：每个结果像素是源颜色值和相应的基础颜色值中的较亮颜色。"较浅的颜色"类似于"变亮"，但是"较浅的颜色"不对各个颜色通道执行操作。

4. 相交模式组

相交模式组中的混合模式在进行混合时50%的灰色会完全消失,任何高于50%的区域都可能加亮下方的图像,而低于50%的灰色区域都可能使下方图像变暗。该组包括叠加、柔光、强光、线性光、亮光、点光和纯色混合7种混合模式。

- **叠加:** 根据底层的颜色,将当前层的像素相乘或覆盖。该模式可以导致当前层变亮或变暗,对于中间色调影响较明显,对于高亮度区域和暗调区域影响不大。

- **柔光:** 创造光线照射的效果,使亮调区域变得更亮,暗调区域变得更暗。如果混合色比50%灰色亮,则图像会变亮;如果混合色比50%灰色暗,则图像会变暗。柔光的效果取决于层的颜色,用纯黑色或纯白色作为层颜色时,会产生明显较暗或较亮的区域,但不会产生纯黑色或纯白色。

- **强光:** 对颜色进行正片叠底或屏幕处理,具体效果取决于混合色。如果混合色比50%灰色亮,则图层变亮,类似于过滤后的效果;如果混合色比50%灰色暗,此时图像会变暗类似于正片叠底效果。使用纯黑色和纯白色绘画时会出现纯黑色和纯白色。

- **线性光:** 通过减小或增加亮度来加深或减淡颜色,具体效果取决于混合色。如果混合色比50%灰色亮,则会通过增加亮度使图像变亮;如果混合色比50%灰色暗,则会通过减小亮度使图像变暗。

- **亮光:** 通过减小或增加对比度来加深或减淡颜色,具体效果取决于混合色。如果混合色比50%灰色亮,则会通过增加对比度使图像变亮;如果混合色比50%灰色暗,则会通过减小对比度使图像变暗。

- **点光:** 根据混合色替换颜色。如果混合色比50%灰色亮,则会替换比混合色暗的像素,而不改变比混合色亮的像素;如果混合色比50%灰色暗,则会替换比混合色亮的像素,而比混合色暗的像素保持不变。

- **纯色混合:** 当选中该混合模式后,将把混合颜色的红色、绿色和蓝色的通道值添加到基色的RGB值中。如果通道值的总和大于或等于255,则值为255;如果小于255,则值为0。因此,所有混合像素的红色、绿色和蓝色通道值不是0就是255,这会使所有像素都更改为原色,即红色、绿色、蓝色、青色、黄色、洋红色、白色或黑色。

5. 反差模式组

反差模式组中的混合模式可以基于源颜色值和基础颜色值之间的差异创建颜色。该组包括差值、经典差值、排除、相减和相除5种混合模式。

- **差值:** 当选中该混合模式后,软件将查看每个通道中的颜色信息,并从基色中减去混合色,或从混合色中减去基色,具体操作取决于哪个颜色的亮度值更大。与白色混合将反转基色值,与黑色混合则不产生变化。

- **经典差值:** 此模式为旧版本中的"差值"模式,使用它可保持与早期项目的兼容性,也可直接使用"差值"模式。

- **排除:** 当选中该混合模式后,将创建一种与"差值"模式相似但对比度更低的效果,与白色混合将反转基色值,与黑色混合则不会发生变化。

- **相减:** 该模式从基础颜色中减去源颜色。如果源颜色是黑色,则结果颜色是基础颜色。在33-bpc项目中,结果颜色值可以小于0。

● **相除：** 基础颜色除以源颜色。如果源颜色是白色，则结果颜色是基础颜色。在33-bpc项目中，结果颜色值可以大于1.0。

6. 颜色模式组

颜色模式组中的混合模式可以将色相、饱和度和发光度三要素中的一种或两种应用在图像上。该组包括色相、饱和度、颜色和发光度4种混合模式。

● **色相：** 将当前图层的色相应用到底层图像的亮度和饱和度中。该模式可以改变底层图像的色相，但不会影响其亮度和饱和度。对于黑色、白色和灰色区域，该模式将不起作用。

● **饱和度：** 用基色的明亮度和色相以及混合色的饱和度创建结果色。在灰色的区域将不会发生变化。

● **颜色：** 用基色的明亮度以及混合色的色相和饱和度创建结果色，这样可以保留图像中的灰阶，并且对于给单色图像上色或给彩色图像着色都会非常有用。

● **发光度：** 用基色的色相和饱和度以及混合色的明亮度创建结果色，此混色可以创建与"颜色"模式相反的效果。

7. 蒙版模式组

蒙版模式组中的混合模式可以将当前图层转换为底层的一个遮罩。该组包括模板Alpha、模板亮度、轮廓Alpha和轮廓亮度4种混合模式。

● **模板Alpha：** 依据上层的Alpha通道显示其下所有层的图像，相当于依据上层的Alpha通道进行剪影处理。

● **模板亮度：** 依据上层图像的明度信息来决定其下所有层的图像的不透明度信息，亮的区域会完全显示下面的所有图层；黑暗的区域和没有像素的区域则完全不显示其下的所有图层；灰色区域将依据其灰度值决定其下所有图层的不透明程度。

● **轮廓Alpha：** 通过当前图层的Alpha通道影响底层图像，使受影响的区域被剪切掉，得到的效果与"模板Alpha"混合模式的效果正好相反。

● **轮廓亮度：** 效果与"模板亮度"混合模式的效果相反。

8. 共享模式组

共享模式组中的混合模式可以使底层与当前图层的Alpha通道或透明区域像素产生相互作用。该组包括Alpha添加和冷光预乘两种混合模式。

● **Alpha添加：** 使底层和目标图层的Alpha通道共同建立一个无痕迹的透明区域。

● **冷光预乘：** 使当前图层的透明区域像素与底层相互作用，边缘产生透镜和光亮的效果。

3.2 图层的基本属性

每个图层均具有属性，在"时间轴"面板中展开图层的"变换"属性组，即可查看其基本属性，如图3-8所示。本节将对图层的基本属性进行介绍。

图 3-8

3.2.1　五大基本属性

"时间轴"面板中多个图层具有锚点、位置、缩放、旋转和不透明度5个基本属性,用户可以通过这5个基本属性和关键帧结合,创造出动效变化的效果。

1. 锚点

锚点是非常基础的概念,用于定位图层的位置和旋转中心,默认情况下锚点在图层的中心,用户也可以按Ctrl+Alt+Home组合键移动锚点至图层中心,如图3-9所示。

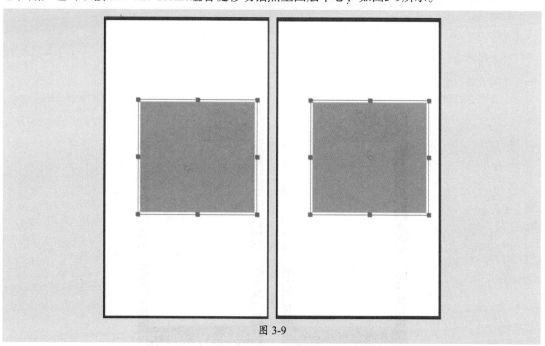

图 3-9

选择工具栏中的"向后平移(锚点)工具" ▓可以移动锚点的位置,此时位置数值和锚点数值都会改变,以便图层保持在移动锚点之前在合成中的位置。若想仅更改锚点数值,可以按住Alt键的同时使用"向后平移(锚点)工具" ▓移动。

2. 位置

位置属性控制图层对象的位置坐标,更改位置参数后,图层的锚点和对象均产生相应的变化,如图3-10、图3-11所示。

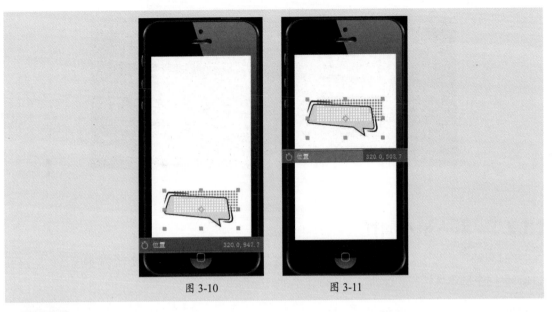

图 3-10   图 3-11

注意事项

位置属性的数值指的是锚点在整个窗口的位置，锚点属性的数值指的是锚点相对于该图层左上角的位置，在位置数值不变的情况下，调整锚点数值会移动锚点所在图层而不是锚点本身。

3. 缩放

缩放属性可以围绕图层的锚点改变图层的大小，如图3-12所示。当缩放参数为负值时，将出现翻转效果，如图3-13所示。

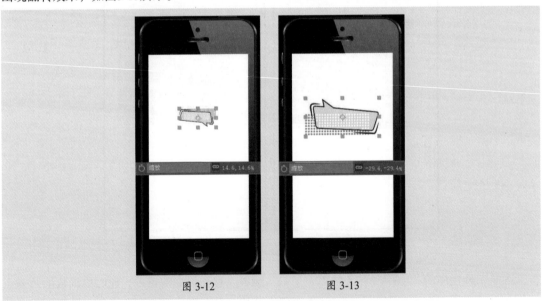

图 3-12   图 3-13

用户也可以执行"图层"|"变换"|"水平翻转"命令或"图层"|"变换"|"垂直翻转"命令翻转所选图层。

注意事项

摄像机、光照和仅音频图层等图层没有缩放属性。

4. 旋转

旋转属性可以围绕图层的锚点旋转图层，其中旋转属性值的第一部分表示完整旋转的圈数；第二部分表示部分旋转的度数。

5. 不透明度

不透明度属性可以控制图层的透明度，数值越小，图层越透明。

3.2.2 编辑图层属性

图层属性决定了图层对象的显示效果，用户可以通过选择属性、复制属性、设置属性值等操作编辑图层属性，下面将对此进行介绍。

1. 在"时间轴"面板中选择属性

在"时间轴"面板中单击图层属性，即可选择该属性，如图3-14所示。

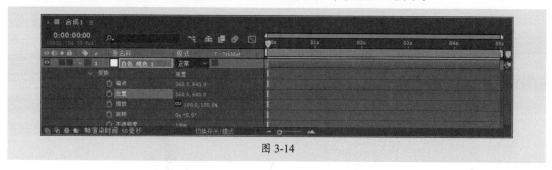

图 3-14

2. 在"时间轴"面板中复制属性

若想在当前图层中复制属性或属性组，可以选中要复制的属性或属性组后按Ctrl+D组合键进行复制，如图3-15所示。

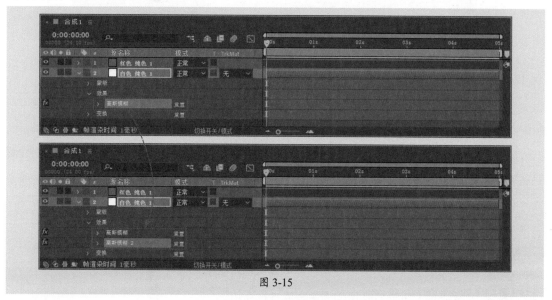

图 3-15

若想将一个图层的属性或属性组复制至目标图层中，可以选中图层属性或属性组后按Ctrl+C组合键进行复制，选择目标图层，按Ctrl+V组合键粘贴，如图3-16所示。

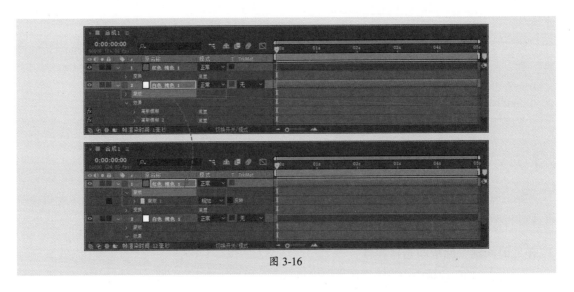

图 3-16

3. 设置属性值

用户可以在"时间轴"面板中设置图层的属性值，单击输入数值或向左向右拖动即可。在选择多个图层时，更改其中一个图层的属性将同时更改选中的其他图层的属性，如图3-17所示。

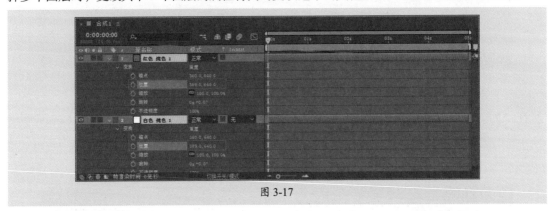

图 3-17

知识点拨

右击属性数值，在弹出的快捷菜单中执行"编辑值"命令，打开对应的对话框，用户可以在该对话框中设置数值和单位。

单击属性数值，按键盘上的↑或↓键，可增加或减少1个单位的属性值；按住Shift键的同时按键盘上的↑或↓键，可增加或减少10个单位的属性值；按住Ctrl键的同时按键盘上的↑或↓键，可增加或减少0.1个单位的属性值。

动手练 **制作图像切换动效** ————————————————————————

本案例将练习制作图像切换动效，涉及的知识点包括图层属性的设置、关键帧的添加等。下面对具体的操作步骤进行介绍。

步骤 01 打开After Effects软件，单击主页中的"新建项目"按钮新建项目，按Ctrl+I组合键打开"导入文件"对话框，选择要导入的素材文件，如图3-18所示。

AE动效设计与制作标准教程（全彩微课版）

图 3-18

步骤 02 完成后单击"导入"按钮,在弹出的"图像切换素材.psd"对话框中设置参数,如图3-19所示。

步骤 03 完成后单击"确定"按钮导入素材文件,如图3-20所示。

图 3-19   图 3-20

步骤 04 双击合成的"图像切换素材",在"时间轴"面板中打开,如图3-21所示。

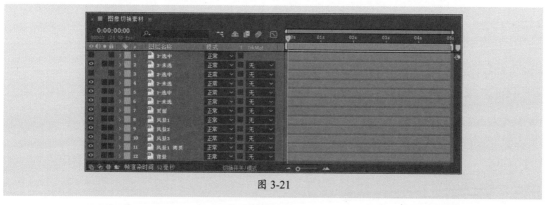

图 3-21

步骤 05 显示隐藏图层，选中"风景1""风景2""风景3"图层，按P键展开其位置属性，如图3-22所示。

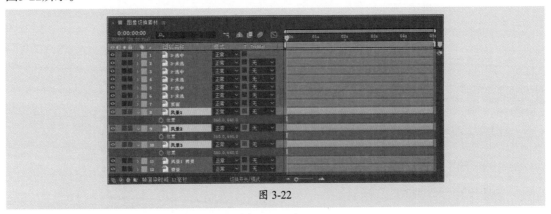

图 3-22

步骤 06 单击"风景1"图层"位置"参数左侧的"时间变化秒表"按钮 ⏱ 添加关键帧，如图3-23所示。

图 3-23

步骤 07 移动当前时间指示器至0:00:01:16处，在"合成"面板中移动"风景1"图层中的内容，使其向左完全移出画面，如图3-24所示。

图 3-24

步骤 08 此时"时间轴"面板中自动出现关键帧，如图3-25所示。

图 3-25

步骤 09 调整"1-选中"图层的出点位置和"2-选中"图层的入点位置。单击"风景2"图层"位置"参数左侧的"时间变化秒表"按钮 添加关键帧，如图3-26所示。

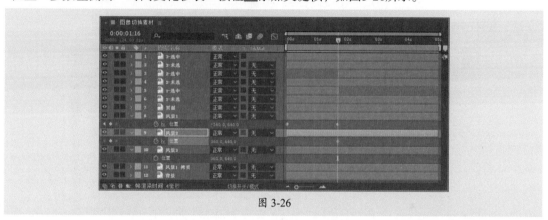

图 3-26

步骤 10 移动当前时间指示器至0:00:03:08处，在"合成"面板中移动"风景2"图层中的内容使其向左完全移出画面，如图3-27所示。

图 3-27

步骤 11 软件将自动添加关键帧，如图3-28所示。

图 3-28

步骤 12 调整"2-选中"图层的出点位置和"3-选中"图层的入点位置。单击"风景3"图层"位置"参数左侧的"时间变化秒表"按钮 添加关键帧，如图3-29所示。

图 3-29

步骤 13 移动当前时间指示器至0:00:05:00处，设置"风景3"图层的位置参数为"-360,640"，软件将自动添加关键帧，如图3-30所示。

图 3-30

步骤 14 按空格键在"合成"面板中预览效果，如图3-31所示。

图 3-31

至此完成图像切换动效的制作。

该案例中可以通过AIGC生成切换的图像。

3.3 关键帧动画

制作动画的基础是关键帧，关键帧是指具有关键状态的帧，两个不同状态的关键帧之间就生成了动态的变化效果。本节对关键帧动画进行介绍。

3.3.1 认识时间轴

时间轴是After Effects中用于控制图层动画的核心工具，主要包括图层区域和时间控制区域两部分，其中图层区域用于控制合成中的所有图层，时间控制区域则用于设置关键帧及动画序列，如图3-32所示。下面对时间轴的相关知识进行介绍。

图 3-32

1. 当前时间指示器

当前时间指示器▼是"时间轴"面板中使用频率较高的工具，可以用于指示时间或精确地控制关键帧等对象的插入位置，如图3-33所示。用户可以通过"时间轴"面板中的当前时间显示 `0:00:01:00` 控制当前时间指示器的位置，或直接在"时间轴"面板中拖曳调整。

图 3-33

2. 时间轴的显示比例

在After Effects软件中，用户可以根据需要放大或缩小时间轴的显示比例。常用的调整方式有以下4种。

- 单击"时间轴"面板中的"缩小（时间）"按钮▬或"放大（时间）"按钮▬。
- 按主键盘中的+键或-键。
- 拖动"时间轴"面板顶部时间导航器 ◄━━━━━━━━━━━► 中的"时间导航器开始"按钮◄或"时间导航器结束"按钮►。
- 按住Alt键使用鼠标滚轮缩放。

3. 时间轴中的列

图层开关决定了图层的许多特性，这些开关排列在"时间轴"面板的列中，如图3-34所示。默认情况下，"A/V功能"列位于图层名称左侧，"开关"和"模式"列位于图层名称右侧，用户选择列名称后可以拖动来排列顺序。

右击任意列名称，在弹出的快捷菜单中执行"列数"命令，在其子菜单中执行命令可以显示或隐藏列，如图3-35所示。用户也可以单击"时间轴"面板左下方的按钮显示或隐藏列。

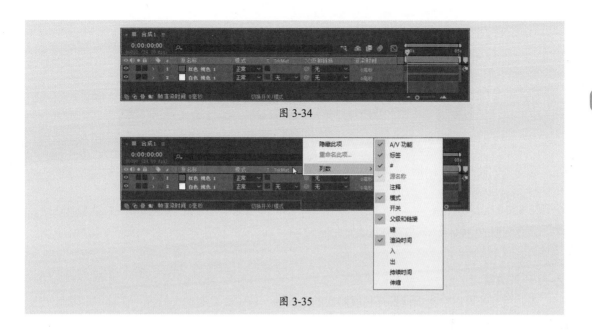

图 3-34

图 3-35

3.3.2 添加关键帧

若想制作动态效果，一般至少需要两个关键帧：一个对应变化开始的状态，另一个对应变化结束的状态。用户可以单击要创建动效的属性左侧的"时间变化秒表"按钮 ⊙ 添加关键帧，如图3-36所示。添加第一个关键帧后，无论是修改属性参数，还是在合成窗口中修改图像对象，软件都将自动生成关键帧。

图 3-36

添加关键帧后移动当前时间指示器，单击属性左侧的"在当前时间添加或移除关键帧"按钮 ◇，即可在当前位置添加关键帧或移除当前位置的关键帧。

| 注意事项 |

单击"时间轴"面板中的菜单按钮 ≡，在弹出的快捷菜单中执行"启用自动关键帧"命令，在修改属性时将自动为该属性添加关键帧。

3.3.3 关键帧的编辑与管理

关键帧创建后，还可以进行移动、复制等操作，下面对此进行介绍。

1. 选择关键帧

选择关键帧是操作关键帧的第一步。在"时间轴"面板中单击关键帧即可选中，按住Shift

键可以加选其他关键帧，选中后关键帧变为蓝色，如图3-37所示。

图 3-37

选中关键帧后按住鼠标左键拖动即可移动关键帧。

2. 复制关键帧

复制关键帧可以快速创建具有相同属性的关键帧。选中要复制的关键帧，执行"编辑"|"复制"命令或按Ctrl+C组合键复制，移动当前时间指示器至目标位置，执行"编辑"|"粘贴"命令或按Ctrl+V组合键，即可将关键帧粘贴至指定位置，如图3-38所示。

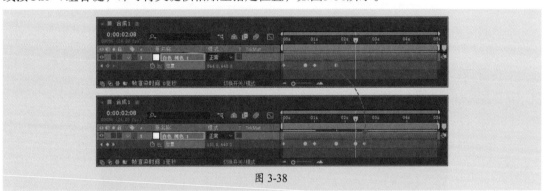

图 3-38

3. 删除关键帧

选择关键帧后执行"编辑"|"清除"命令或按Delete键即可将其删除。若想删除一个属性的所有关键帧，可以单击该属性左侧的"时间变化秒表"按钮 。

3.3.4 关键帧插值

关键帧插值可以调节关键帧之间的变化速率，使变化效果更加流畅。选中关键帧后右击，在弹出的快捷菜单中执行"关键帧插值"命令，打开"关键帧插值"对话框，如图3-39所示。

在该对话框中设置参数，即可调整关键帧的变化速率，其中部分选项作用如下。

- **线性**：创建关键帧之间的匀速变化。
- **贝塞尔曲线**：创建自由变换的插值，用户可以手动调整方向手柄。
- **连续贝塞尔曲线**：创建通过关键帧的平滑变化速率，且用户可以手动调整方向手柄。
- **自动贝塞尔曲线**：创建通过关键帧的平滑变化速率。关键帧的值更改后，"自动贝塞尔曲线"方向手柄也会发生变化，以保持关键帧之间的平滑过渡。
- **定格**：创建突然的变化效果，位于应用了定格插值的关键帧之后的图表显示为水平直线。

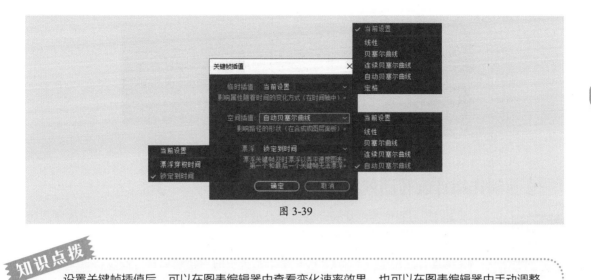

图 3-39

知识点拨

设置关键帧插值后,可以在图表编辑器中查看变化速率效果,也可以在图表编辑器中手动调整。

3.3.5 认识图表编辑器

图表编辑器可用于查看和操作属性值、关键帧等,包括值图表(显示属性值)和速度图表(显示属性值变化速率)两种类型,单击"时间轴"面板中的"图表编辑器"按钮,即可查看默认的速率图表类型的图表编辑器,如图3-40所示。

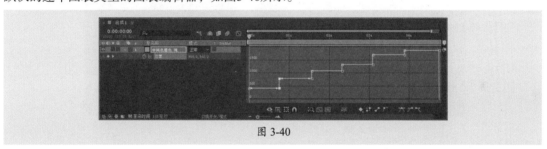

图 3-40

图表编辑器模式中的关键帧可能在一侧或两侧附加方向手柄,用户可以通过方向手柄控制贝塞尔曲线插值,调整变化速率,如图3-41所示。

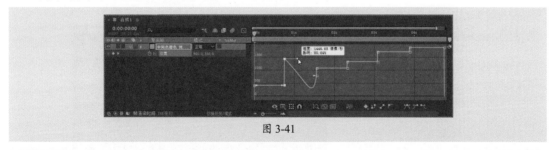

图 3-41

注意事项

选中图层对象才可以在图表编辑器中查看图表。

在图表编辑器中右击,在弹出的快捷菜单中执行"显示值图表"命令,可以切换值图表显示,如图3-42所示。

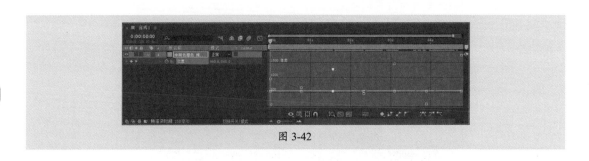

图 3-42

动手练 制作指针旋转动效

本案例练习制作指针旋转动效，涉及的知识点包括关键帧的添加、图层属性的设置等。下面对此进行介绍。

步骤 01 打开After Effects软件，单击主页中的"新建项目"按钮新建项目，按Ctrl+I组合键打开"导入文件"对话框，选择要导入的素材文件，单击"导入"按钮，在弹出的"图像切换素材.psd"对话框中设置参数，如图3-43所示。

步骤 02 完成后单击"确定"按钮导入素材文件，如图3-44所示。

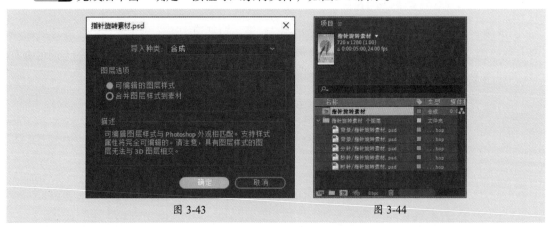

图 3-43   图 3-44

步骤 03 选中"项目"面板中的"指针旋转素材"合成并右击，在弹出的快捷菜单中执行"合成设置"命令，打开"合成设置"对话框，设置持续时间为1分钟，如图3-45所示。

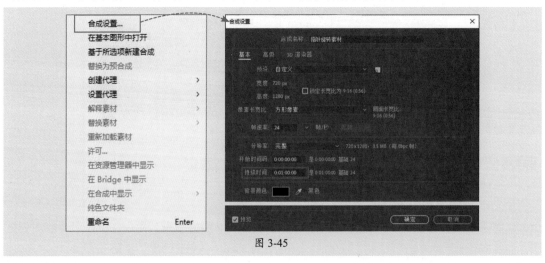

图 3-45

UI动效设计与制作标准教程（全彩微课版）

68

步骤 04 双击合成"指针旋转素材",在"时间轴"面板中打开,如图3-46所示。

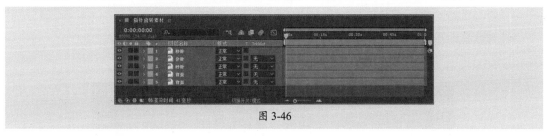

图 3-46

步骤 05 选中"秒针"图层,按R键展开其"旋转"关键帧,单击"旋转"参数左侧的"时间变化秒表"按钮 🕐 ,添加关键帧,如图3-47所示。

图 3-47

步骤 06 选择"向后平移(锚点)工具" ▦ ,在"合成"面板中移动"秒针"图层对象的锚点位于指针一端,如图3-48所示。

步骤 07 移动当前时间指示器至0:00:01:00处,设置"旋转"参数为"0 × +6.0°",该图层对象将以锚点为中心旋转,如图3-49所示。

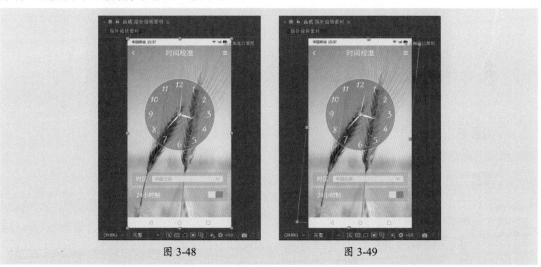

图 3-48   图 3-49

步骤 08 此时"时间轴"面板中将自动添加关键帧,如图3-50所示。

图 3-50

步骤 **09** 移动当前时间指示器至0:00:02:00处，设置"旋转"参数为"0×+12.0°"，效果如图3-51所示。

步骤 **10** 移动当前时间指示器至0:00:03:00处，设置"旋转"参数为"0×+18.0°"，效果如图3-52所示。

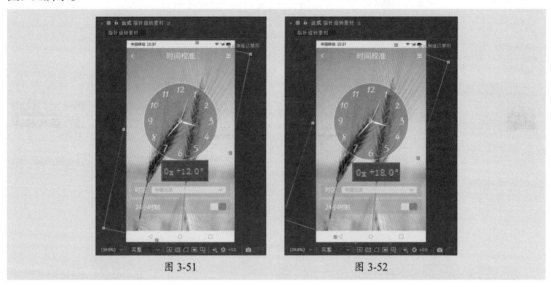

图 3-51 　　　　　　　　　　　　　　图 3-52

步骤 **11** 使用相同的方法，每隔1秒将对象旋转6°，软件将自动添加关键帧，如图3-53所示。

图 3-53

步骤 **12** 选中所有关键帧并右击，在弹出的快捷菜单中执行"关键帧插值"命令，打开"关键帧插值"对话框，设置"临时插值"为定格，如图3-54所示。

步骤 **13** 完成后单击"确定"按钮，效果如图3-55所示。

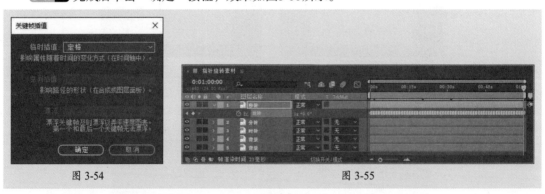

图 3-54 　　　　　　　　　　　　　　图 3-55

步骤 **14** 选中"分针"图层，使用"向后平移（锚点）工具" ，在"合成"面板中调整锚点位置，如图3-56所示。

步骤15 移动当前时间指示器至0:00:00:00处，选中"分针"图层，按R键展开其"旋转"关键帧，单击"旋转"参数左侧的"时间变化秒表"按钮 ⓝ 添加关键帧，如图3-57所示。

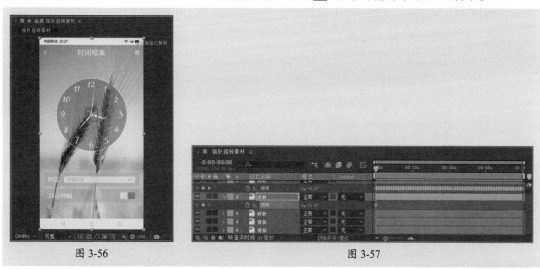

图 3-56   图 3-57

步骤16 移动当前时间指示器至0:01:00:00处，设置"旋转"参数为"0×+6.0°"，软件将自动添加关键帧，如图3-58所示。

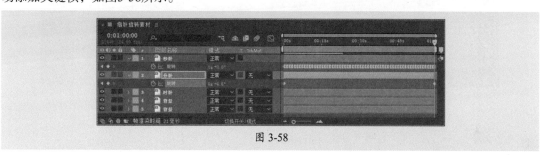

图 3-58

步骤17 按空格键在"合成"面板中预览效果，如图3-59所示。

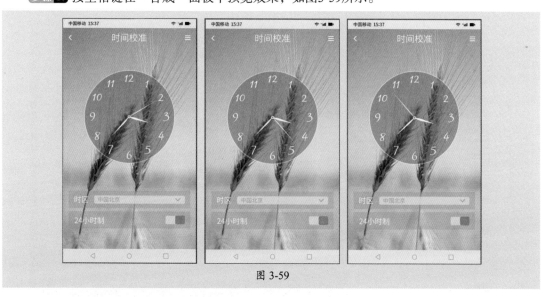

图 3-59

至此完成指针旋转动效的制作。

实战演练：制作按钮动效

本案例练习制作按钮动效，涉及的知识点包括素材的导入、图层属性的设置、关键帧的添加及调整等。

步骤 01 打开After Effects软件，单击主页中的"新建项目"按钮新建项目，按Ctrl+I组合键打开"导入文件"对话框，选择要导入的素材文件，单击"导入"按钮，在弹出的"按钮动效素材.psd"对话框中设置参数，如图3-60所示。

步骤 02 完成后单击"确定"按钮导入素材文件，如图3-61所示。

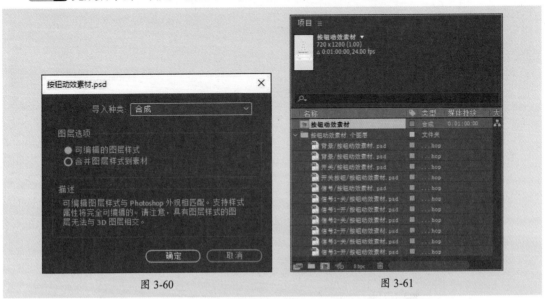

图 3-60   图 3-61

步骤 03 选中"项目"面板中的"按钮动效素材"合成并右击，在弹出的快捷菜单中执行"合成设置"命令，打开"合成设置"对话框，设置持续时间为5秒，如图3-62所示。

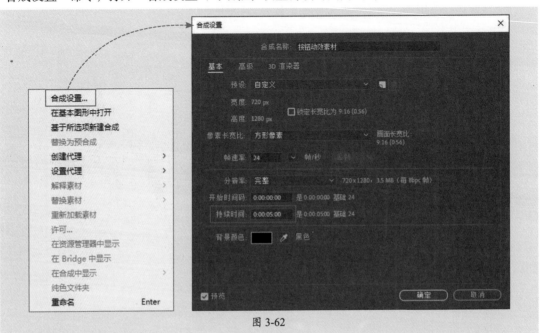

图 3-62

步骤 04 双击合成"素材",在"时间轴"面板中打开,如图3-63所示。

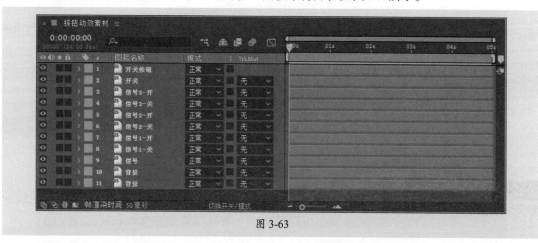

图 3-63

步骤 05 选中"开关"图层,执行"图层"|"图层样式"|"颜色叠加"命令,为其添加"颜色叠加"图层样式,并在"时间轴"面板中设置"颜色叠加"的颜色为灰色(#e3e3e3),如图3-64所示。

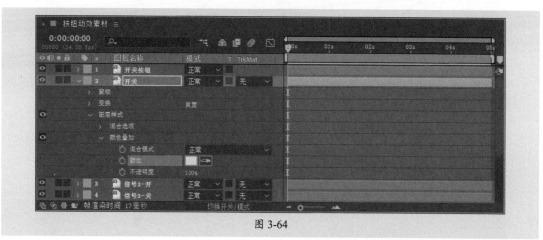

图 3-64

步骤 06 单击"颜色"参数左侧的"时间变化秒表"按钮 添加关键帧,移动当前时间指示器至0:00:01:00处,设置颜色为蓝色(#56aaff),软件将自动添加关键帧,如图3-65所示。

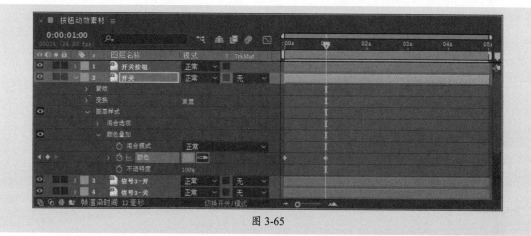

图 3-65

步骤07 移动当前时间指示器至0:00:00:00处，选中"开关按钮"图层，按P键展开其位置属性，单击"位置"参数左侧的"时间变化秒表"按钮⏱添加关键帧，如图3-66所示。

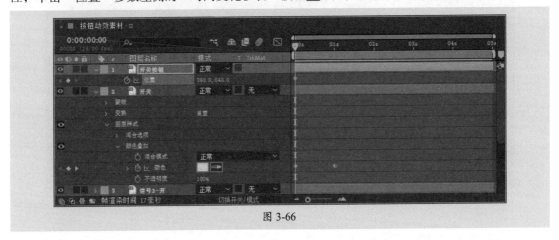

图 3-66

步骤08 移动当前时间指示器至0:00:01:00处，调整"位置"参数为"396,640"，软件将自动添加关键帧，如图3-67所示。

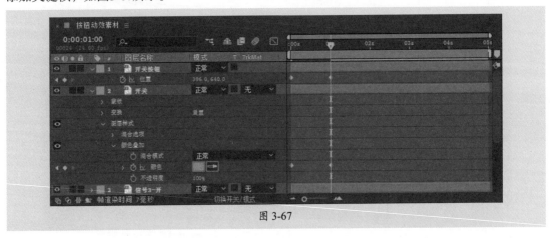

图 3-67

步骤09 选中所有关键帧并右击，在弹出的快捷菜单中执行"关键帧辅助"|"缓动"命令制作缓动效果，单击"时间轴"面板中的"图表编辑器"按钮▦，切换至"图表编辑器"模式，查看效果如图3-68所示。

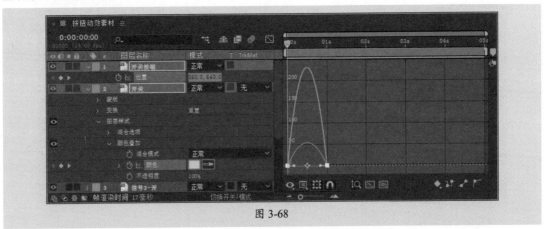

图 3-68

步骤 10 调整方向手柄效果如图3-69所示。单击"时间轴"面板中的"图表编辑器"按钮，切换至图层条模式。

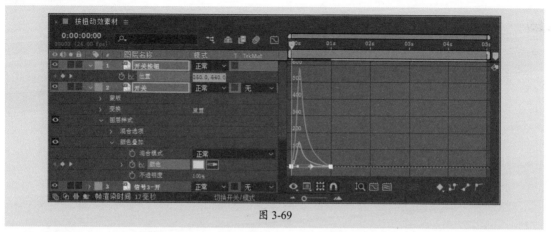

图 3-69

步骤 11 移动当前时间指示器至0:00:01:00处，选中"信号3-开""信号2-开""信号1-开"图层，按T键显示"不透明度"参数，并添加关键帧，设置"信号3-开"和"信号2-开"图层的不透明度为0%，如图3-70所示。

图 3-70

步骤 12 移动当前时间指示器至0:00:01:05处，设置"信号2-开"图层的不透明度为100%，"信号1-开"图层的不透明度为0%，软件将自动添加关键帧，如图3-71所示。

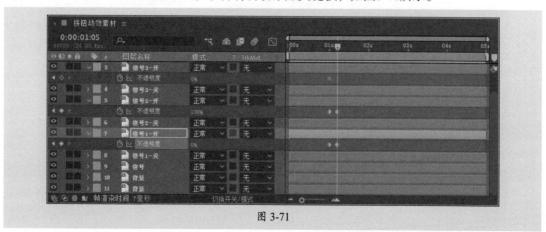

图 3-71

步骤13 移动当前时间指示器至0:00:01:10处，设置"信号2-开"图层的不透明度为0%，"信号1-开"图层的不透明度为0%，软件将自动添加关键帧，如图3-72所示。

图 3-72

步骤14 移动当前时间指示器至0:00:01:15处，设置"信号3-开"图层的不透明度为0%，"信号1-开"图层的不透明度为100%，软件将自动添加关键帧，如图3-73所示。

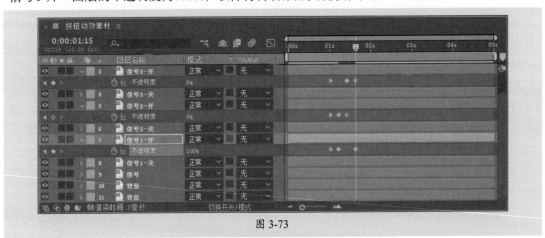

图 3-73

步骤15 移动当前时间指示器至0:00:01:20处，设置"信号2-开"图层的不透明度为100%，"信号1-开"图层的不透明度为0%，软件将自动添加关键帧，如图3-74所示。

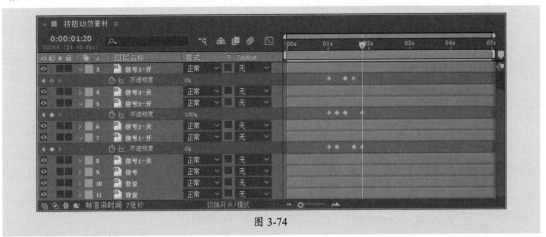

图 3-74

步骤 16 移动当前时间指示器至0:00:02:01处，设置"信号3-开"图层的不透明度为100%，"信号2-开"图层的不透明度为0%，软件将自动添加关键帧，如图3-75所示。

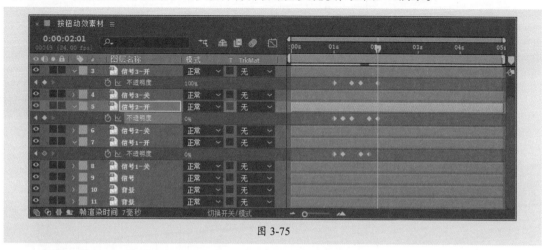

图 3-75

步骤 17 重复操作，如图3-76所示。

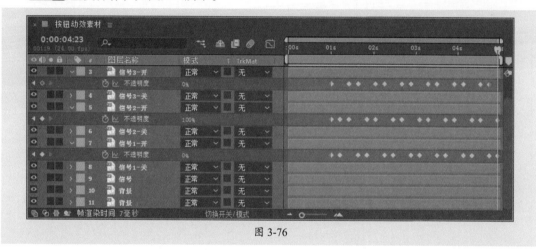

图 3-76

步骤 18 移动当前时间指示器至0:00:00:23处，设置"信号1-开"图层的不透明度为0%，软件将自动添加关键帧，如图3-77所示。

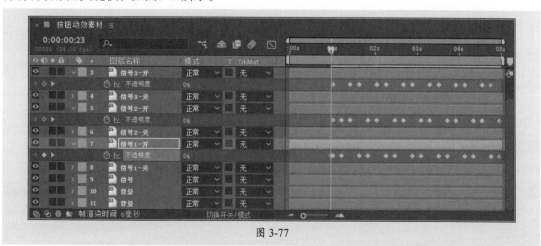

图 3-77

步骤 19 按空格键在"合成"面板中预览效果，如图3-78所示。

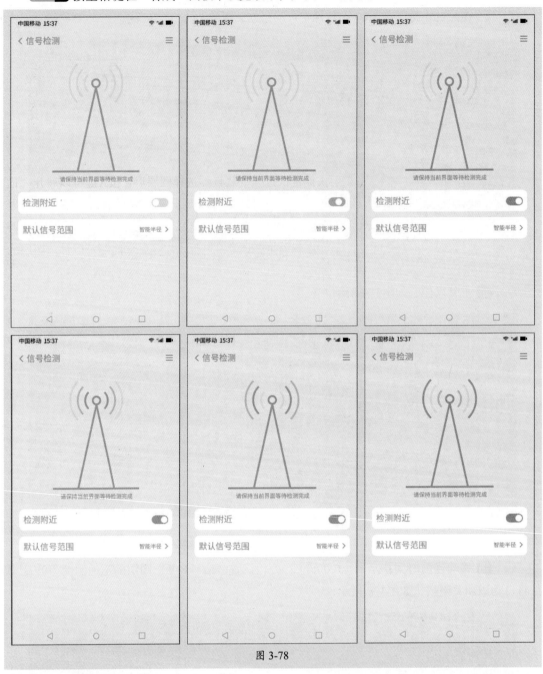

图 3-78

至此完成按钮动效的制作。

新手答疑

1. Q: 如何同时将效果应用于多个图层?

A: 通过"新建"调整图层,并保证该图层在要应用效果的图层之上,添加效果即可,这是因为应用于调整图层的任何效果会影响在图层堆叠顺序中位于该图层之下的所有图层。要注意的是,位于图层堆叠顺序底部的调整图层没有可视结果。如果要将效果或变换应用于图层集合,则可以预合成图层,然后将效果或变换应用于预合成图层。

2. Q: 图层的固定属性可以单独显示吗?

A: 在编辑图层属性时,可以利用快捷键快速展开属性。选择图层后,按A键可以展开"锚点"属性;按P键可以展开"位置"属性;按S键可以展开"缩放"属性;按R键可以展开"旋转"属性;按T键可以展开"不透明度"属性;按U键可以展开"添加关键帧"属性。在显示一个图层属性的前提下,按Shift键及其他图层属性快捷键可以显示图层的多个属性。

3. Q: 在时间轴中如何精准定位一些特殊时间?

A: After Effects中可以通过"时间轴"面板左上角的蓝色时间栏精确输入时间。除此之外,按I键可以移动当前时间指示器至所选图层的入点;按O键可以移动当前时间指示器至所选图层的出点;按Shift+Home组合键可移动当前时间指示器至合成起点;按Shift+End组合键可移动当前时间指示器至合成终点;在"时间轴"面板中按J键可选择当前时间指示器左侧的第一个关键帧;按K键可选择当前时间指示器右侧的第一个关键帧。

4. Q: 如何在图表编辑器中平移或缩放?

A: 选择"手形工具"后在图表编辑器中按住鼠标左键拖动,即可垂直或水平平移图表编辑器,用户也可以滚动鼠标滚轮垂直平移,或按住Shift键的同时滚动鼠标左键水平平移图表编辑器。

单击缩放工具可以放大图表编辑器,按住Alt键的同时单击缩放工具则可以缩小。用户也可以使用鼠标滚轮进行缩放,按住Alt键的同时滚动可以水平缩放,按住Ctrl键的同时滚动可以垂直缩放。

5. Q: 如何指定显示在图表编辑器中的属性?

A: 单击图表编辑器底部的"选择具体显示在图表编辑器中的属性"按钮,在弹出的快捷菜单中进行选择即可。其中"显示选择的属性"命令可以在图表编辑器中显示"选定"属性;"显示动画属性"命令可以在图表编辑器中显示选定图层的"动画"属性;"显示图表编辑器集"命令可以显示选中了图表编辑器的"开关"属性,当时间变化秒表处于活动状态(即属性具有关键帧或表达式)时,此开关将出现在时间变化秒表的右侧、属性名称的左侧。

第3章　图层控制与动画

第4章

蒙版动效制作

蒙版结合关键帧，可以制作出精妙细致的UI动效，给用户带来良好的使用体验。本章对蒙版动效制作进行介绍，包括蒙版动效的原理、创建蒙版与形状的方式、蒙版属性的编辑等。

4.1 创建蒙版动效

动效是UI设计中非常常用的一种元素，它包括UI界面中所有运动的效果，润物细无声般地融入用户日常接触的UI界面中。在设计UI动效时，蒙版是常见的一种做法，本节将对蒙版动效的创建进行介绍。

4.1.1 认识蒙版

蒙版是指通过蒙版层中的图形或轮廓对象透出下方图层中的内容。一个图层可以包含多个蒙版，其中蒙版层为轮廓层，决定着看到的图像区域；被蒙版层为蒙版下方的图像层，决定看到的内容。

4.1.2 蒙版动效原理

蒙版制作动效主要是利用蒙版的形状、透明度等属性，通过调整蒙版路径、不透明度等属性实现局部遮罩效果，结合关键帧生成变化效果，从而制作各种有趣的UI动效，图4-1、图4-2所示为制作的蒙版动效效果。

图 4-1   图 4-2

4.1.3 形状工具组

形状工具组中的工具是创建蒙版的常用工具，用户可以通过形状工具创建多种造型的蒙版，结合关键帧即可创建造型各异的动态效果。该工具组中包括"矩形工具" ■、"圆角矩形工具" ■、"椭圆工具" ●、"多边形工具" ●、"星形工具" ☆5种工具，长按工具栏中的"矩形工具"按钮即可展开该工具组进行选择。

1. 矩形工具

矩形工具可用于创建长方形或正方形造型的形状或蒙版。在未选中其他图层的情况下，使用矩形工具在"合成"面板中可绘制矩形，并在"时间轴"面板中自动生成形状图层，如图4-3、图4-4所示。选中绘制的形状，可在工具栏或形状图层属性组中设置矩形的填充、描边等属性。

选中其他图层时，使用矩形工具在"合成"面板中绘制形状即可创建蒙版，如图4-5所示。继续绘制可以增加蒙版范围，如图4-6所示。

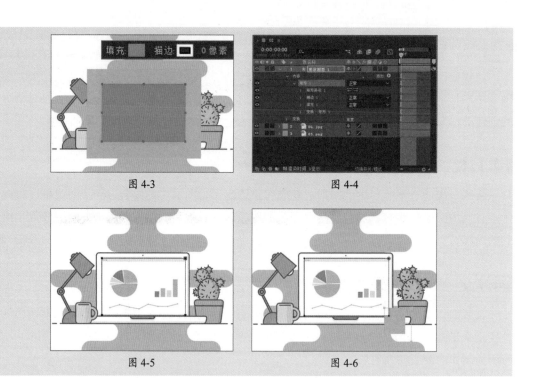

图 4-3 ⁣ 图 4-4

图 4-5 ⁣ 图 4-6

　　单击形状图层属性左侧的"时间变化秒表"按钮█️添加关键帧，移动当前时间指示器后再次调整，软件将自动添加关键帧，同属性的两个关键帧之间就形成了动态效果，通过继续添加关键帧可以制作更加丰富的动态效果。

知识点拨

　　选中形状图层绘制时，将继续绘制形状而不是蒙版；用户可以单击工具栏中的"工具创建蒙版"按钮▦️为形状图层创建蒙版。

注意事项

　　创建蒙版后，直接使用选择工具移动蒙版将移动图层整体，用户可以在属性组中选中蒙版，按Ctrl+T组合键后再使用选择工具进行移动，即可仅移动蒙版。

2. 圆角矩形工具

　　圆角矩形工具可用于创建带有圆角的长方形或正方形造型的形状或蒙版，其使用方式与矩形工具一致，图4-7、图4-8所示分别为使用该工具绘制的形状和蒙版。

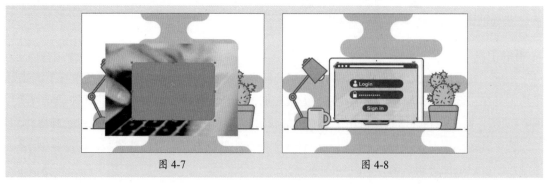

图 4-7 ⁣ 图 4-8

绘制圆角矩形形状后，在"时间轴"面板"形状图层"属性组中可以调整圆角矩形的填充、描边、形状等属性，如图4-9所示。

图 4-9

知识点拨

圆角矩形形状图层的属性与矩形形状图层一致，用户可以通过设置矩形形状图层中的"圆度"属性将矩形调整成圆角矩形；或通过设置圆角矩形形状图层中的"圆度"属性将圆角矩形调整成矩形。

3. 椭圆工具

椭圆工具可用于创建椭圆或圆形造型的形状或蒙版，该工具使用方式与矩形工具一致，图4-10所示为使用该工具绘制的蒙版；按住Shift键的同时拖曳鼠标可创建正圆蒙版，如图4-11所示。

图 4-10 　　　　　　　　　　　　　　 图 4-11

知识点拨

按住Ctrl键拖曳绘制可以以起点为圆心绘制椭圆；按住Ctrl+Shift组合键拖曳绘制可以以起点为圆心绘制圆形。

4. 多边形工具

多边形工具可用于创建多边形造型的形状或蒙版。选中图层后使用多边形工具在"合成"面板中的合适位置单击，确定多边形的中心点，按住鼠标左键拖曳至合适位置后释放鼠标，即可得到多边形蒙版，如图4-12所示。在拖曳过程中按键盘上的↑键和↓键可更改多边形的边数，图4-13所示为增加边数后的效果。

图 4-12   图 4-13

对于绘制的多边形形状，用户也可以在"时间轴"面板中展开形状图层的属性组进行设置，如图4-14所示。

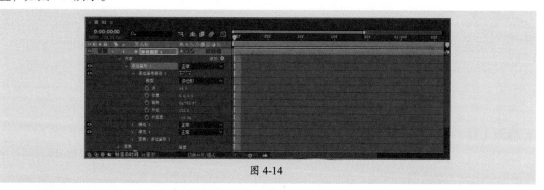

图 4-14

5. 星形工具

星形工具可用于创建星形造型的形状或蒙版，其使用方式与多边形工具一致。在绘制过程中，按键盘上的↑键和↓键可更改星形角的点数，如图4-15所示。按住Ctrl键拖曳鼠标可更改星形比例，如图4-16所示。

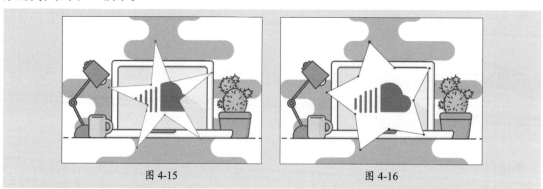

图 4-15   图 4-16

▌4.1.4　钢笔工具组

钢笔工具组中包括"钢笔工具" 、"添加顶点工具" 、"删除顶点工具" 、"转换顶点工具" 以及"蒙版羽化工具" 5种工具，这些工具可用于创建并调整不规则形状或蒙版。

1. 钢笔工具

钢笔工具是绘制不规则形状或蒙版的主要工具，可绘制任意造型的路径。在未选中图层的情况下，使用该工具在"合成"面板中单击可创建角点，按住鼠标左键拖曳可创建平滑锚点，如图4-17、图4-18所示。绘制完成后在起始锚点处单击即可闭合路径绘制形状，此时"时间轴"面板中将出现形状图层。

图 4-17　　　　　　　　　　　　　　　图 4-18

在使用钢笔工具绘制形状或蒙版时，按住Ctrl键或Alt键可单独控制锚点一侧的控制杆以调整路径走向，如图4-19、图4-20所示。

图 4-19　　　　　　　　　　　　　　　图 4-20

2. 添加顶点工具 / 删除顶点工具

添加顶点工具可以在路径上添加锚点。选中添加顶点工具后在路径上单击即可添加锚点，要注意的是在有平滑锚点的路径上单击将添加平滑锚点，如图4-21、图4-22所示。在两侧都是角点的路径上单击将添加角点。

删除顶点工具与添加顶点工具的作用相反，可以删除路径上的锚点。选中该工具后在锚点上单击即可删除锚点，删除后与该锚点相邻的两个锚点之间会形成一条直线路径，如图4-23、图4-24所示。

图 4-21

图 4-22

图 4-23

图 4-24

3. 转换顶点工具

转换顶点工具的作用是转换锚点类型为平滑锚点或角点。选中该工具后在锚点上单击即可转换其类型，如图4-25、图4-26所示。

图 4-25

图 4-26

注意事项

在选择钢笔工具的情况下，按住Alt键从锚点拖曳，可将角点转换为平滑锚点。

4. 蒙版羽化工具

蒙版羽化工具可以调整蒙版边缘的虚化程度。选择该工具后单击并拖动锚点，即可柔化该蒙版，如图4-27、图4-28所示。

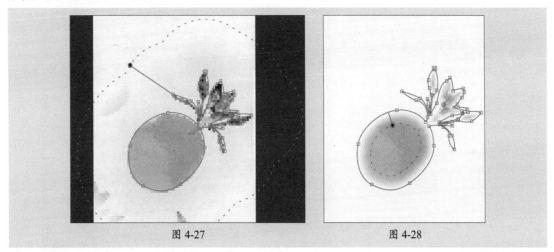

图 4-27 　　　　　　　　　　　　　　　　　　图 4-28

知识点拨

在After Effects软件中，用户可以将文字转换为形状或蒙版，在"时间轴"面板中选中文字图层后右击，在弹出的快捷菜单中执行"创建" | "从文字创建形状"命令或"创建" | "从文字创建蒙版"命令即可。

动手练 亮度调整动效

本案例练习制作亮度调整动效，涉及的知识点包括形状工具的应用、蒙版的创建及设置等。

步骤 01 打开After Effects软件，单击主页中的"新建项目"按钮新建项目，按Ctrl+I组合键打开"导入文件"对话框，选择要导入的素材文件，单击"导入"按钮，在弹出的"亮度.psd"对话框中设置属性，如图4-29所示。

步骤 02 完成后单击"确定"按钮导入素材文件，如图4-30所示。

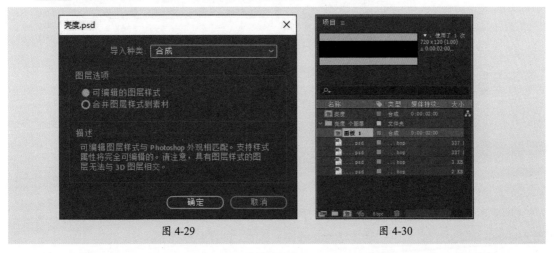

图 4-29 　　　　　　　　　　　　　　　　　　图 4-30

步骤 03 选中"画板1"合成并右击，在弹出的快捷菜单中执行"合成设置"命令，打开"合成设置"对话框设置属性，如图4-31所示。完成后单击"确定"按钮应用设置。

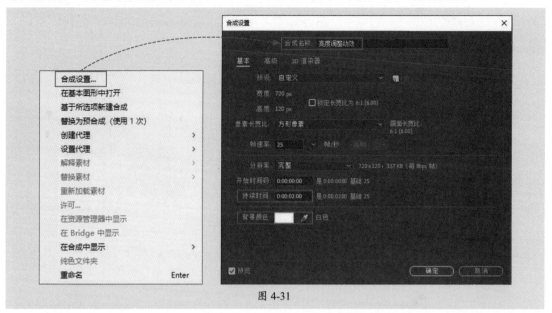

图 4-31

步骤 04 双击合成"亮度调整动效"，在"时间轴"面板中打开，如图4-32所示。

图 4-32

步骤 05 在不选择对象的情况下，使用圆角矩形工具绘制圆角矩形，并在"时间轴"面板中设置属性，如图4-33所示。

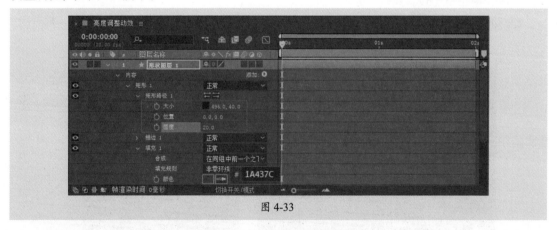

图 4-33

步骤 06 单击"颜色"属性左侧的"时间变化秒表"按钮 添加关键帧，移动当前时间指示器至0:00:01:15处，设置颜色，软件将自动添加关键帧，如图4-34所示。

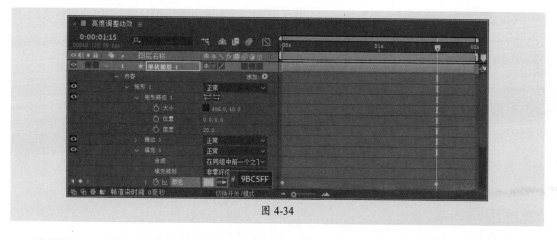

图 4-34

步骤 07 选中形状图层，选择椭圆工具，在工具栏中单击"工具创建蒙版"按钮■，按住Shift键在"合成"面板中拖曳，绘制圆形，创建蒙版，如图4-35所示。

步骤 08 在"时间轴"面板中设置蒙版混合模式为"相减"，选中蒙版1，按Ctrl+T组合键自由变换，在"合成"面板中调整位置，如图4-36所示。

图 4-35	图 4-36

步骤 09 在"时间轴"面板中选中蒙版1，按Ctrl+D组合键复制得到蒙版2，设置其混合模式为"相加"，按Ctrl+T组合键自由变换，在"合成"面板中调整位置，如图4-37所示。

步骤 10 移动当前时间指示器至0:00:00:00处，单击两个蒙版的"蒙版路径"属性左侧的"时间变化秒表"按钮■添加关键帧；移动当前时间指示器至0:00:01:15处，分别选中两个蒙版，按Ctrl+T组合键自由变换，在"合成"面板中调整位置，如图4-38所示。

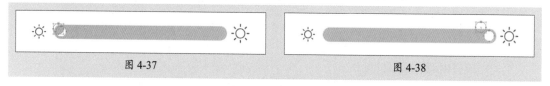

图 4-37	图 4-38

步骤 11 软件将自动生成关键帧，如图4-39所示。

图 4-39

步骤12 选中"时间轴"面板中的"矩形1 拷贝3"图层和"矩形1 拷贝4"图层，按Ctrl+Alt+Home组合键设置其锚点位于图形中心，按R键展开其"旋转"属性，单击"旋转"属性左侧的"时间变化秒表"按钮⏱添加关键帧，并设置属性，如图4-40所示。

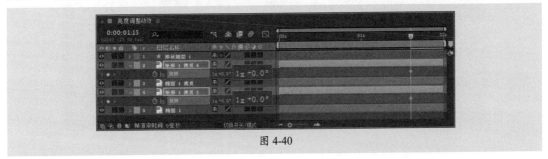

图 4-40

步骤13 移动当前时间指示器至0:00:00:00处，更改"旋转"属性为0，软件将自动添加关键帧，如图4-41所示。

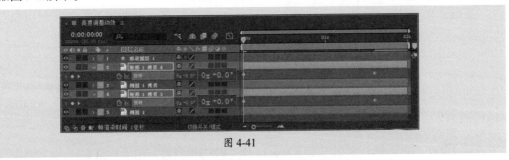

图 4-41

步骤14 按空格键在"合成"面板中预览效果，如图4-42所示。

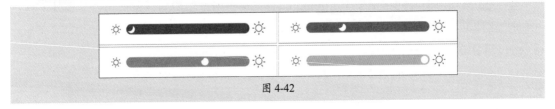

图 4-42

至此完成亮度调整动效的制作。

4.2 编辑蒙版属性

在"时间轴"面板中展开"蒙版"属性组，可以对蒙版的不透明度、羽化等进行编辑，如图4-43所示。本节将对蒙版属性的编辑进行介绍。

图 4-43

4.2.1　蒙版路径

蒙版路径确定了蒙版的范围，用户可以通过路径工具移动、增加或减少蒙版路径上的锚点来调整蒙版路径，如图4-44、图4-45所示。

图 4-44　　　　　　　　　　　图 4-45

单击"蒙版"属性组中"蒙版路径"属性右侧的"形状…"文字，打开"蒙版形状"对话框，如图4-46所示。在该对话框中可以通过"定界框"属性确定蒙版路径距离合成四周的位置，从而拉伸蒙版路径，还可以选择将蒙版路径重置为矩形或椭圆。

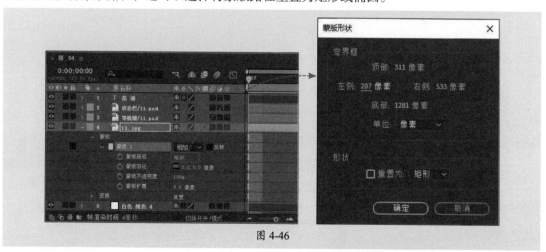

图 4-46

单击"蒙版路径"属性左侧的"时间变化秒表"按钮■添加关键帧，移动当前时间指示器后调整蒙版路径，软件将自动添加关键帧，两个关键帧之间则会生成蒙版路径变化的动态效果，如图4-47、图4-48所示。用户可以通过添加多个关键帧，制作更加丰富的动态效果。

图 4-47   图 4-48

4.2.2　蒙版羽化

　　与蒙版羽化工具类似，"蒙版羽化"属性也可以柔化处理蒙版边缘，作出边缘虚化的效果。图4-49、图4-50所示为羽化前后的效果。不同之处在于，蒙版羽化工具可以控制向内或向外羽化，而"蒙版羽化"属性是同时向内、外双向羽化。

图 4-49   图 4-50

注意事项

　　"蒙版羽化"属性包括水平方向和垂直方向2个属性值，取消链接后单独调整，可以制作蒙版单一方向羽化的效果。

单击"蒙版羽化"属性左侧的"时间变化秒表"按钮👁添加关键帧，移动当前时间指示器后调整蒙版的羽化属性，软件将自动添加关键帧，两个关键帧之间则会生成蒙版边缘羽化变化的动态效果，如图4-51、图4-52所示。

图 4-51   图 4-52

4.2.3 蒙版不透明度

"蒙版不透明度"属性可以控制蒙版区域的透明度，数值越小蒙版区域越透明。图4-53、图4-54所示为设置不同不透明度的效果。

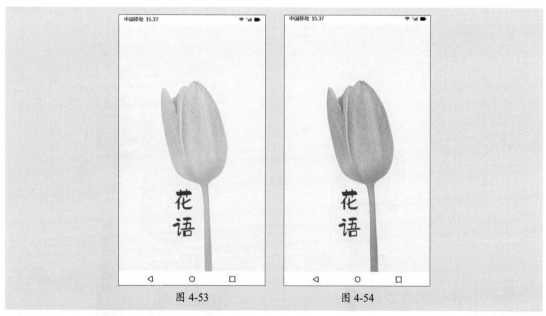

图 4-53   图 4-54

单击"蒙版不透明度"属性左侧的"时间变化秒表"按钮👁添加关键帧，移动当前时间指示器后调整蒙版的不透明度属性，软件将自动添加关键帧，两个关键帧之间则会生成蒙版不透明度变化的动态效果。

4.2.4 蒙版扩展

"蒙版扩展"属性可以扩展或收缩蒙版区域范围，当属性值为正值时，将在原蒙版的基础上进行扩展；当属性值为负值时，将在原蒙版的基础上进行收缩，如图4-55、图4-56所示。

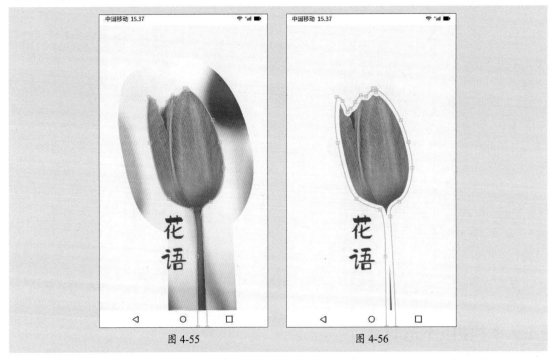

图 4-55　　　　　　　　　　图 4-56

单击"蒙版扩展"属性左侧的"时间变化秒表"按钮 添加关键帧，移动当前时间指示器后调整蒙版扩展属性，软件将自动添加关键帧，两个关键帧之间则会生成蒙版区域大小变化的动态效果，如图4-57、图4-58所示。

图 4-57　　　　　　　　　　图 4-58

4.2.5 蒙版混合模式

蒙版混合模式包括无、相加、相减、交集、变亮、变暗和差值7种，如图4-59所示。通过蒙版混合模式可以控制图层中蒙版彼此间的交互效果，创建具有多个透明区域的复杂复合蒙版，下面对此进行介绍。

| 无 |
| • 相加 |
| 相减 |
| 交集 |
| 变亮 |
| 变暗 |
| 差值 |

图 4-59

1. 无

选择此模式，蒙版对图层的Alpha通道没有直接影响，只作为路径存在，可进行描边、光线动画或路径动画等操作。

2. 相加

选择此模式，蒙版将添加到位于该蒙版上面的蒙版中，与位于该蒙版上面的蒙版累加，如图4-60所示。

3. 相减

选择此模式，将从位于该蒙版上方的蒙版中减去其影响，该操作可在另一个蒙版中创建洞的效果，如图4-61所示。

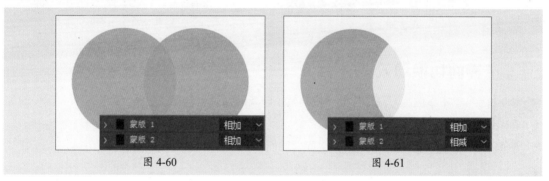

图 4-60   图 4-61

4. 交集

选择此模式，蒙版将添加到位于该蒙版上面的蒙版中，在蒙版与位于该蒙版上面的蒙版重叠的区域中，该蒙版的影响将与位于它上面的蒙版累加；在蒙版与位于它上面的蒙版不重叠的区域中，结果是完全不透明，如图4-62所示。

5. 变亮

选择此模式，蒙版将添加到位于该蒙版上面的蒙版中，如果有多个蒙版相交，则使用最高透明度值，如图4-63所示。

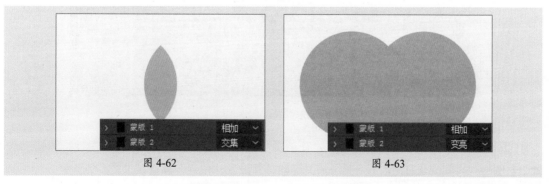

图 4-62   图 4-63

6. 变暗

选择此模式，蒙版将添加到位于该蒙版上面的蒙版中，如果有多个蒙版相交，则使用最低透明度值，如图4-64所示。

7. 差值

选择此模式，蒙版将添加到位于该蒙版上面的蒙版中，在蒙版与位于它上面的蒙版不重叠的区域中，将应用该蒙版，就好像图层上仅存在该蒙版一样；在蒙版与位于它上面的蒙版重叠的区域中，将从位于它上面的蒙版中抵消该蒙版的影响，如图4-65所示。

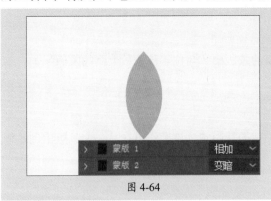
图 4-64

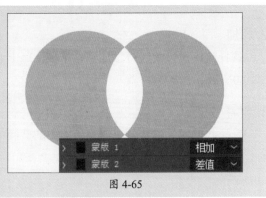
图 4-65

动手练 界面切换动效

本案例练习制作界面切换动效，涉及的知识点包括蒙版路径的调整、关键帧的应用等。

步骤 01 打开本章素材文件"界面切换.aep"，如图4-66所示。

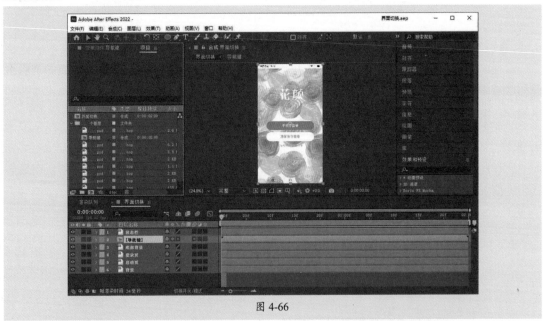
图 4-66

步骤 02 在"时间轴"面板中选中"登录页"图层，按P键展开"位置"属性，单击"位置"左侧的"时间变化秒表"按钮 添加关键帧，并设置"位置"属性，如图4-67所示。

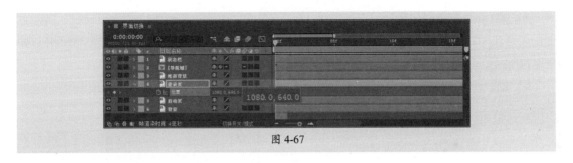

图 4-67

步骤 03 移动当前时间指示器至0:00:01:00处，更改"位置"属性，软件将自动添加关键帧，如图4-68所示。

图 4-68

步骤 04 移动当前时间指示器至0:00:00:00处，选中"登录页"图层，按住Shift+Ctrl组合键的同时使用椭圆工具在"合成"面板中绘制圆形，创建蒙版，如图4-69所示。

步骤 05 在"时间轴"面板中选中蒙版1，按Ctrl+T组合键自由变换，在"合成"面板中将圆形蒙版旋转45°，如图4-70所示。

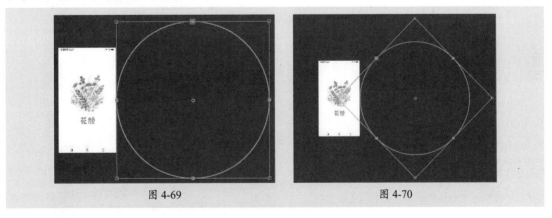

图 4-69   图 4-70

步骤 06 单击"时间轴"面板中"蒙版"属性组中"蒙版路径"属性左侧的"时间变化秒表"按钮添加关键帧，如图4-71所示。

图 4-71

步骤 07 移动当前时间指示器至0:00:01:00处，单击"蒙版"属性组中"蒙版路径"属性右侧的"形状…"文字，打开"蒙版形状"对话框，勾选"重置为"复选框，并选择"矩形"，如图4-72所示。

步骤 08 完成后单击"确定"按钮应用设置，如图4-73所示。

图 4-72　　　　　　　　　图 4-73

步骤 09 按空格键在"合成"面板中预览效果，如图4-74所示。

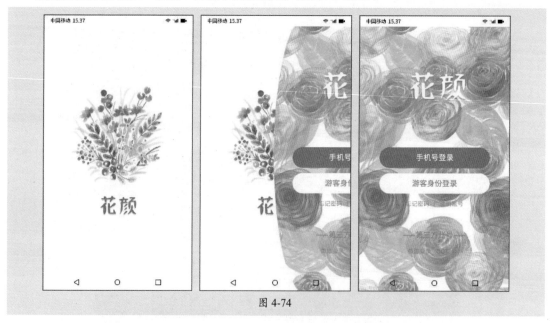

图 4-74

至此完成界面切换动效的制作。

知识点拨

该实例中可以通过AIGC生成图像，以减少工作时间，提升工作效率。

98

实战演练：音乐播放动效

　　本案例将练习制作音乐播放动效，涉及的知识点包括蒙版的创建与编辑、关键帧的应用等。具体的操作步骤如下。

　　步骤01 打开After Effects软件，单击"主页"中的"新建项目"按钮新建项目，按Ctrl+I组合键打开"导入文件"对话框，选择要导入的素材文件，如图4-75所示。

图 4-75

　　步骤02 完成后单击"导入"按钮，在弹出的"音乐界面.psd"对话框中设置属性，如图4-76所示。

　　步骤03 完成后单击"确定"按钮导入素材文件，如图4-77所示。

图 4-76　　　　　　　　　　　　　　　　图 4-77

步骤 04 双击合成"音乐界面"，在"时间轴"面板中打开，如图4-78所示。

图 4-78

步骤 05 选中图层"韶华""逐焰火""旅客""风雪夜归""青春年少"和"追梦人"，在英文状态下按P键展开其"位置"属性，移动当前时间指示器至0:00:03:00处，单击"位置"左侧的"时间变化秒表"按钮添加关键帧，如图4-79所示。

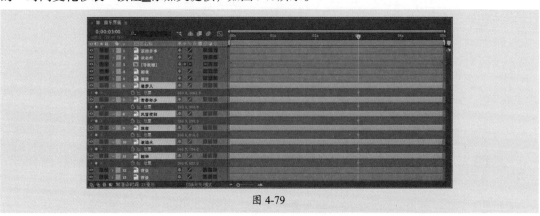

图 4-79

步骤 06 移动当前时间指示器至0:00:01:00处，在"合成"面板中向下移动选中图层中的对象，在"对齐"面板中设置图层为"垂直均匀分布"，效果如图4-80所示。

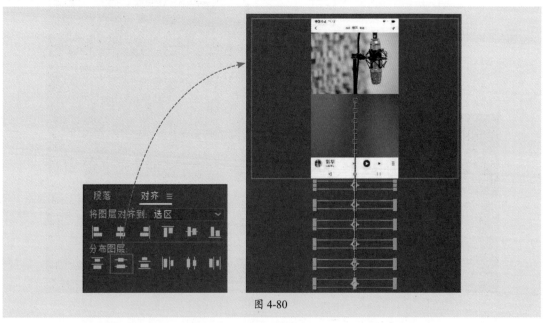

图 4-80

步骤07 此时"时间轴"面板中将自动添加关键帧，如图4-81所示。

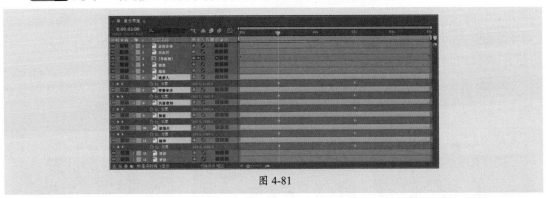

图 4-81

步骤08 移动当前时间指示器至0:00:03:00处，展开"图像"图层属性组，单击"位置"属性和"旋转"属性左侧的"时间变化秒表"按钮 添加关键帧，并设置"旋转"属性，如图4-82所示。

图 4-82

步骤09 移动当前时间指示器至0:00:01:00处，设置"旋转"属性，并在"对齐"面板中设置图层居中对齐，软件将自动添加关键帧，如图4-83所示。

图 4-83

步骤10 移动当前时间指示器至0:00:00:00处，设置"旋转"属性，软件将自动添加关键帧，如图4-84所示。

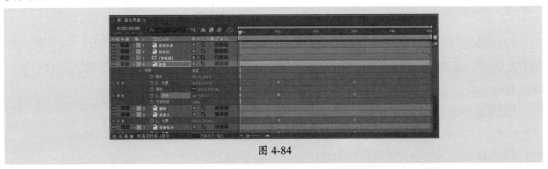

图 4-84

步骤11 选中"图像"图层，按住Shift+Ctrl组合键的同时使用椭圆工具在"合成"面板中绘制圆形，创建蒙版，如图4-85所示。

步骤12 在"时间轴"面板中选中蒙版1，按Ctrl+T组合键自由变换，在"合成"面板中将圆形蒙版旋转45°，如图4-86所示。

步骤13 选中"时间轴"面板中的蒙版1，按Ctrl+D组合键复制，设置其蒙版混合模式为"相减"，并按Ctrl+T组合键自由变换，在"合成"面板中将其缩小，如图4-87所示。

图 4-85

图 4-86

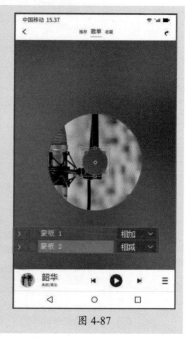
图 4-87

步骤14 移动当前时间指示器至0:00:01:00处，单击蒙版1"蒙版路径"属性、蒙版2"蒙版羽化"属性和"蒙版不透明度"属性左侧的"时间变化秒表"按钮添加关键帧，如图4-88所示。

图 4-88

步骤15 移动当前时间指示器至0:00:03:00处，在"时间轴"面板中单击蒙版1"蒙版路径"属性左侧的"在当前位置添加或移除关键帧"按钮添加关键帧，设置蒙版2"蒙版羽化"属性和"蒙版不透明度"属性，软件将自动添加关键帧，如图4-89所示。

步骤16 移动当前时间指示器至0:00:04:00处，单击蒙版1"蒙版路径"属性右侧的"形状…"文字，打开"蒙版形状"对话框，勾选"重置为"复选框，并选择"矩形"，如图4-90所示。

步骤17 完成后单击"确定"按钮应用设置，如图4-91所示。

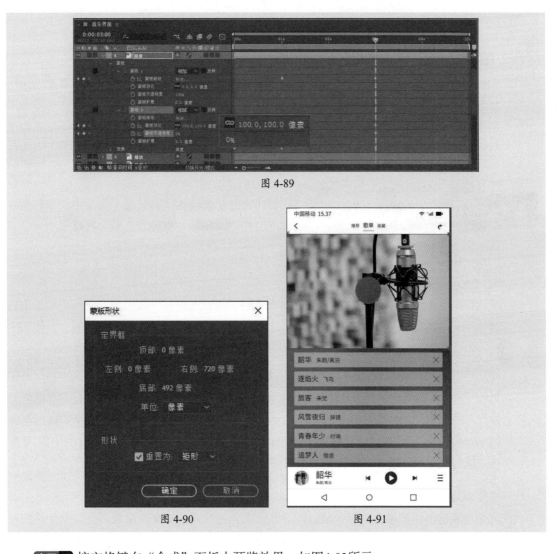

图 4-89

图 4-90

图 4-91

步骤 18 按空格键在"合成"面板中预览效果，如图4-92所示。

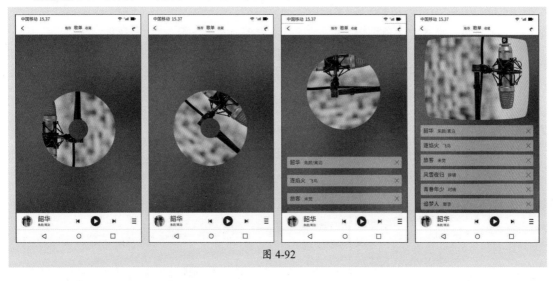

图 4-92

至此完成音乐播放动效的制作。

新手答疑

1. Q: After Effects 中的蒙版在 UI 动效中有什么作用?

A: After Effects中的蒙版是一个可用于修改图层属性、效果和属性的路径,其最常见的用法是修改图层的Alpha通道,以设置每个像素的图层透明度;另一个常见的用法是作为对文本进行动画制作的路径,用户可以将描边、路径文本、音频波形、音频频谱以及勾画等效果用于开放或闭合的蒙版路径。

2. Q: 一个图层中只能有一个蒙版吗?

A: 并不是,每个图层可以包含多个蒙版,要注意的是蒙版在"时间轴"面板中的堆积顺序会影响它与其他蒙版的交互方式,用户可以在"时间轴"面板"蒙版"属性组中拖动蒙版来调整其顺序。

3. Q: 如何更改蒙版路径颜色以进行区分?

A: 默认情况下After Effects中的所有蒙版均为黄色,用户可以在"时间轴"面板中单击蒙版名称左侧的色块,打开"蒙版颜色"对话框,选择新的颜色,然后单击"确定"按钮,即可将蒙版路径颜色更改为选中的颜色。

除此之外,用户还可以执行"编辑"|"首选项"|"外观"命令,打开"首选项"对话框的"外观"选项卡,在该选项卡中勾选"循环蒙版颜色(使用标签颜色)"复选框,即可对新蒙版循环应用标签颜色,若勾选"为蒙版路径使用对比度颜色"复选框,After Effects将会分析开始绘制蒙版的点附近的颜色,然后选择与该区域颜色不同的标签颜色,同时还会避免选择上次绘制蒙版时使用的颜色。

4. Q: 设置蒙版羽化时,羽化边缘突然结束是什么原因?

A: 可能是蒙版羽化扩展至图层区域以外导致的羽化边缘突然结束。蒙版羽化仅发生在图层的各个维度内,因此经过羽化的蒙版的路径应始终略微小于图层区域,而不得移动到图层的边缘。

5. Q: 蒙版混合模式有什么作用?

A: 蒙版混合模式可以创建具有多个透明区域的复杂复合蒙版。要注意的是蒙版混合模式仅在同一图层上的两个蒙版之间起作用,且蒙版混合模式的结果变化具体取决于堆积顺序中位于更高位置的蒙版所设置的混合模式。

6. Q: 如何创建图层大小的形状?

A: 在"工具"面板中双击形状工具即可创建图层大小的形状。要注意的是,在"合成"面板或"时间轴"面板中选择形状路径后双击形状工具将替换形状路径。

第5章
文本动效制作

　　文本是UI设计中的点睛之笔，可以直观地展示信息；而文本动效可以增强页面的视觉冲击力，吸引用户的目光。本章将对文本动效进行介绍，包括UI文本规范、创建与编辑文本的方式、制作文本动效的方式等。

创建文本图层

文本是UI设计的重要组成部分，可以增强UI的视觉效果，提供视觉层次感和空间感。在制作UI动效时，用户可以通过文本动效增强页面的视觉冲击力和吸引力，提高用户体验。本节对UI文本规范及文本的创建进行介绍。

5.1.1 UI文本规范

iOS、Android和HarmonyOS是目前三种主流的操作系统，其中iOS是苹果公司开发的移动操作系统；Android是一种基于Linux内核的自由及开放源代码的移动操作系统；HarmonyOS是华为公司推出的一款面向万物互联的全场景分布式操作系统。本节对这三种操作系统的UI文本规范进行介绍。

1. iOS

iOS中的中文规范字体是Ping Fang SC（苹方黑体），英文规范字体是San Francisco（SF）和New York（NY）。其中San Francisco（SF）是一种无衬线字体，在用户界面中最常见；而New York（NY）是一种衬线字体，多用于补充San Francisco（SF）使用。在iOS中用户可以自定义文本大小，进行灵活设置。一倍图中默认字体的字号如表5-1所示。

表5-1

信息层级	字重（weight）	字号	行距
大标题	Regular	34px	41px
标题一	Regular	28px	34px
标题二	Regular	22px	28px
标题三	Regular	20px	25px
头条	Semi-Bold	17px	22px
正文	Regular	17px	22px
标注	Regular	16px	21px
副标题	Regular	15px	20px
注解	Regular	13px	18px
注释一	Regular	12px	16px
注释二	Regular	11px	13px

2. Android

Android的中文规范字体是思源黑体，包括7种字重；英文规范字体是Roboto，包括6种字重。Android系统中字号的单位为sp，在二倍图中1sp=2px。以720px×1280px为基准，其常见字号大小为24px、26px、28px、30px、32px、34px、36px等，最小字号为20px。表5-2所示为720px×1280px尺寸下的常见字号。

UI动效设计与制作标准教程（全彩微课版）

表5-2

信息层级	字重	字号	行距
应用程序	Medium	40px	
按钮	Medium	30px	
头条	Regular	48px	68px
标题	Medium	42px	
副标题	Regular	34px	60px
正文一	Regular	30px	46px
正文二	Bold	30px	52px
标题	Regular	26px	

3. HarmonyOS

HarmonyOS系统中默认字体为HarmonyOS Sans，该字体支持简体中文、繁体中文、拉丁文、西里尔文、希腊文、阿拉伯文等，具有易读、独特、通用等字体特性。HarmonyOS系统中字号的单位为fp，表5-3所示为HarmonyOS各类设备的常用字号。

表5-3

信息层级	手机/折叠屏/平板/车机	智慧屏	智能穿戴	使用场景
H1	96fp	96fp	70fp	展示类数据文本
H2	72fp	72fp	52fp	展示类数据文本
H3	60fp	60fp	46fp	展示类数据文本
H4	48fp	48fp	36fp	展示类数据文本
H5	38fp	40fp	30fp	展示类数据文本
H6	30fp	36fp	24fp	大标题/强调型文本
H7	24fp	30fp	19fp	二级标题/强调型文本
H8	20fp	24fp	16fp	页签标题
SubTitle1	18fp	20fp	19fp	分组大标题
SubTitle2	16fp	18fp	16fp	分组标题
SubTitle3	14fp	16fp	16fp	分组小标题
Body1	16fp	18fp	18fp	列表正文文本/段落文本
Body2	14fp	16fp	16fp	列表辅助文本/段落文本
Body3	12fp	14fp	14fp	列表辅助文本/图文说明
Button1	16fp	18fp	19fp	大按钮文本
Button2	14fp	14fp	16fp	小按钮文本
Caption1	10fp	12fp	13fp	隐私说明文本
Caption2	10fp	10fp	10fp	最小显示文本
Overline	14fp	16fp	16fp	大标题辅助说明文本
Chart	10fp	10fp	10fp	图表刻度文本

5.1.2 创建文本

创建文本动效的前提是创建文本，After Effects支持使用文字工具创建点文本及段落文本，还可以选择导入外部Photoshop文本，下面对此进行介绍。

1. 文字工具

After Effects中包括横排文字工具 **T** 和竖排文字工具 **IT** 两种文字工具，其中横排文字工具可创建横排文本；竖排文字工具可创建竖排文本。选择工具栏中的文字工具，在"合成"面板中需要创建文本的地方单击创建占位符，输入文本内容即可创建点文本，如图5-1、图5-2所示。点文本可通过按Enter键换行。

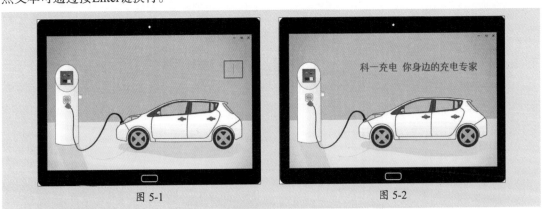

图 5-1   图 5-2

选择文本工具后，在需要创建文本的地方按住鼠标左键拖曳，将绘制文本框创建段落文本，在文本框中输入内容，将根据文本框大小自动换行，如图5-3、图5-4所示。

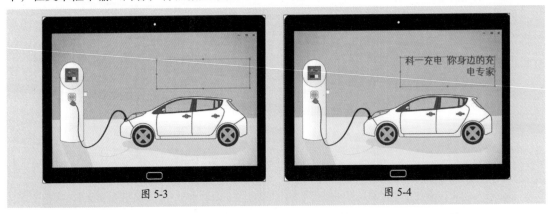

图 5-3   图 5-4

知识点拨

在"时间轴"面板空白处右击，在弹出的快捷菜单中执行"新建"|"文本"命令，将自动新建一个空文本图层，且"合成"面板中会出现占位符，直接输入文本即可。此时创建的文本为点文本，用户可通过按Enter键换行。

点文本和段落文本可以相互转换，使用选取工具选中文本，然后使用文字工具在"合成"面板中右击，在弹出的快捷菜单中执行"转换为点文本"命令或"转换为段落文本"命令，即可转换文本类型，如图5-5、图5-6所示。使用相同的方法还可以更改文本的排列方式。

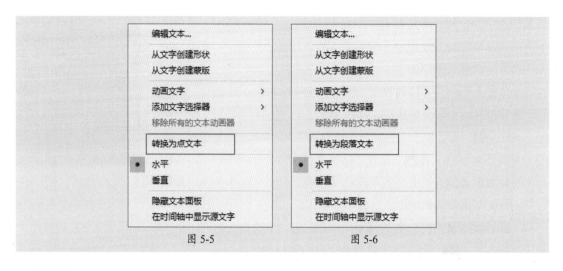

图 5-5   图 5-6

2. 外部 Photoshop 文本

　　用户可以通过导入外部Photoshop文本避免重复输入。导入Photoshop文本图层后将其添加至"时间轴"面板中，执行"图层"|"创建"|"转换为可编辑文字"命令，或在"时间轴"面板中右击，在弹出的快捷菜单中执行"创建"|"转换为可编辑文字"命令，即可将该图层转换为可编辑的文本，如图5-7所示。

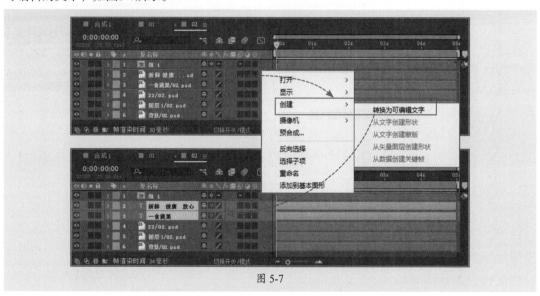

图 5-7

　　若导入的PSD文档为合并图层，则需要先选中该图层，然后执行"图层"|"创建"|"转换为图层合成"命令，将PSD文档分解到图层中，再选择文本图层进行调整。

5.1.3　编辑文本

　　"字符"面板和"段落"面板可以辅助用户编辑文本，使文本满足设计规范及视觉需求，下面对此进行介绍。

1. "字符"面板

　　"字符"面板主要用于设置文本的字体、字号、颜色等属性，执行"窗口"|"字符"命令

或按Ctrl+6组合键，即可打开"字符"面板，如图5-8所示。选中文本，在"字符"面板中设置参数后文本样式将发生改变。"字符"面板中部分常用选项作用如下。

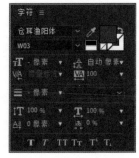

图 5-8

- **字体系列**：在下拉列表中可以选择需应用的字体类型。
- **字体样式**：设置字体后，有些字体还可以选择样式。
- **吸管**：可在整个工作面板中吸取颜色。
- **设置为黑色/白色**：设置字体为黑色或白色。
- **填充颜色**：单击"填充颜色"色块，打开"文本颜色"对话框，在该对话框中可以设置文字颜色。
- **描边颜色**：单击"描边颜色"色块，打开"文本颜色"对话框，可以设置文字描边颜色。
- **字体大小**：可以在下拉列表中选择预设的字体大小，也可以在数值处按住鼠标左键左右拖动来改变数值大小，或在数值处单击，直接输入数值。
- **行距**：用于调节行与行之间的距离。
- **两个字符间的字偶间距**：设置光标左右字符之间的间距。
- **所选字符的字符间距**：设置所选字符之间的间距。

2. "段落"面板

"段落"面板可以设置应用于整个段落的属性，如对齐方式、缩进、行距等。用户可以执行"窗口"|"段落"命令或按Ctrl+7组合键，打开"段落"面板，如图5-9所示。"段落"面板中部分常用选项作用如下。

图 5-9

（1）对齐和两端对齐

用于设置文本的对齐方向及段落中最后一行文本的对齐方向，图5-10、图5-11所示分别为设置文本左对齐和右对齐的效果。也可以设置文本与段落两端对齐，要注意的是两端对齐选项只适用于段落文本。

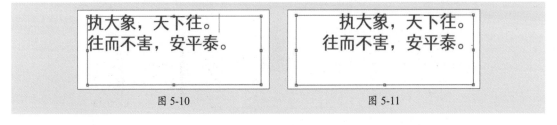

图 5-10   图 5-11

（2）缩进和空间段落

缩进可以指定文字与定界框之间或与包含该文字的行之间的间距量，用户可以为各个段落设置不同的缩进。

- **缩进左边距**：从段落的左边缩进文字，若文本为竖排文本，则从段落顶端缩进文字。
- **缩进右边距**：从段落的右边缩进文字，若文本为竖排文本，则从段落底端缩进文字。
- **首行缩进**：缩进段落的首行文字。输入负值可创建首行悬挂缩进的效果。
- **段前添加空格**：更改段前间距。
- **段后添加空格**：更改段后间距。

（3）罗马悬挂式标点

罗马悬挂式标点可以将段落文本中的标点设置为悬挂在文本外侧。单击"段落"面板右上角的菜单按钮 ，在弹出的快捷菜单中执行"罗马悬挂式标点"命令即可，如图5-12所示。

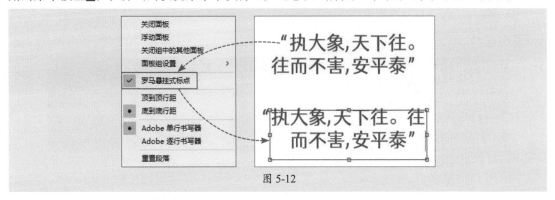

图 5-12

动手练 描边文本动效

本案例练习制作描边文本动效，涉及的知识点包括文本的创建、关键帧的添加编辑等。

步骤01 打开After Effects软件，按Ctrl+Alt+N组合键新建项目，按Ctrl+N组合键打开"合成设置"对话框，设置参数，如图5-13所示。

步骤02 使用横排文字工具在"合成"面板中单击，然后输入文本，选中输入的文本，在"字符"面板中设置参数，如图5-14所示。

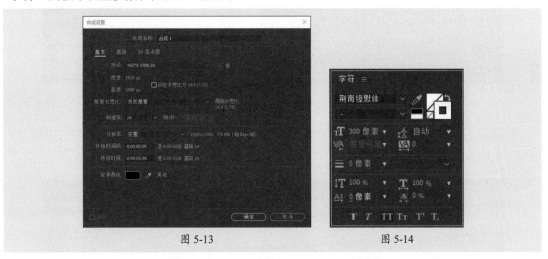

图 5-13　　　　　　　　　　　　　　　图 5-14

步骤03 在"对齐"面板中设置文本与合成居中对齐，如图5-15所示。

步骤04 效果如图5-16所示。

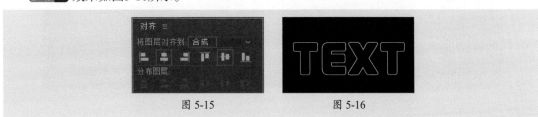

图 5-15　　　　　　　　　　　图 5-16

步骤 05 在"时间轴"面板中选中文本图层后右击，在弹出的快捷菜单中执行"创建"|"从文字创建形状"命令创建轮廓图层，如图5-17所示。

图 5-17

步骤 06 展开轮廓图层属性，单击"内容"右侧的"添加"按钮 添加: ●，在弹出的快捷菜单中执行"修剪路径"命令，为"内容"属性组添加"修剪路径"动画属性，如图5-18所示。

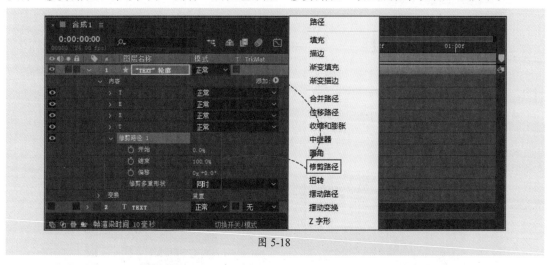

图 5-18

步骤 07 移动当前时间指示器至0:00:00:00处，为"开始"和"结束"属性添加关键帧，并设置参数均为100%，如图5-19所示。

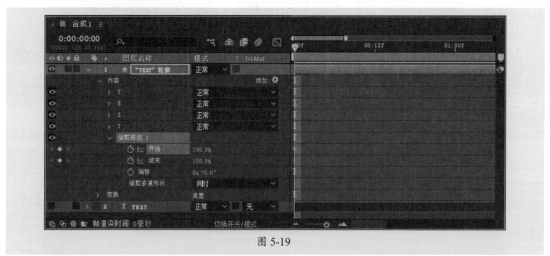

图 5-19

112

步骤 08 移动当前时间指示器至0:00:02:00处，修改"开始"和"结束"属性参数均为0%，软件将自动添加关键帧，如图5-20所示。

图 5-20

步骤 09 选中"开始"属性的关键帧并向右移动，如图5-21所示。

图 5-21

步骤 10 按空格键在"合成"面板中预览效果，如图5-22所示。

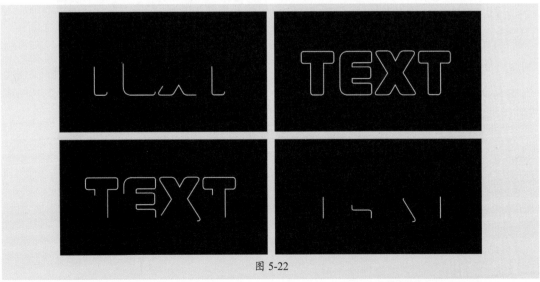

图 5-22

步骤11 选择轮廓图层，按Ctrl+D组合键复制，并分别设置颜色，如图5-23所示。

图 5-23

步骤12 选择5个轮廓图层，按U键展开添加了关键帧的属性，调整各个图层关键帧的位置，使动效错开播放，如图5-24所示。

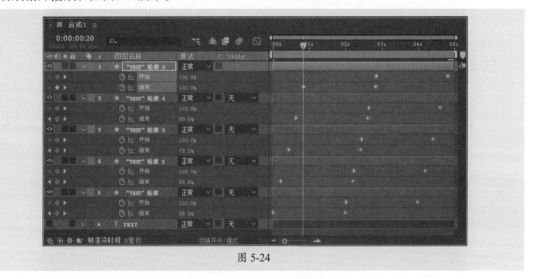

图 5-24

步骤13 按空格键在"合成"面板中预览效果，如图5-25所示。

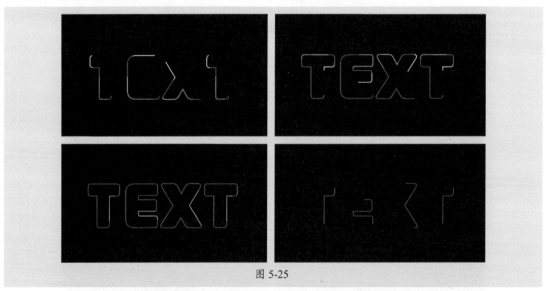

图 5-25

至此完成描边文本动效的制作。

5.2 文本动效制作

文本动效可以增强产品的亲和力和趣味性，展示设计细节，使用户更加愉悦地使用产品。本节将对文本动效的制作进行介绍。

5.2.1 文本图层的属性

文本图层是一个单独的图层，用户可以在"时间轴"面板中设置文本图层的属性，增加文本的实用性和美观性，图5-26所示为展开的文本图层属性组。下面对文本图层的属性进行介绍。

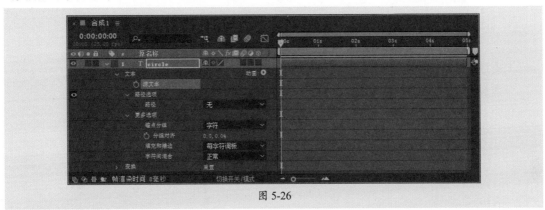

图 5-26

1. 源文本

"源文本"属性用于记录文本内容、字符格式、段落格式等，通过该属性并结合关键帧的添加，可以设置文本在不同时间段的显示效果。

2. 路径选项

"路径选项"属性可以设置文本沿路径排列，还可以改变各个字符在路径上的显示方式。选中文字图层后，使用形状工具或钢笔工具在"合成"面板中绘制蒙版路径，在"路径"属性右侧的下拉列表中选择绘制的蒙版，如图5-27所示，文字会自动沿路径分布。

图 5-27

"路径选项"属性中各选项作用如下。

- **路径：** 用于选择文本跟随的路径。
- **反转路径：** 设置是否反转路径。图5-28、图5-29所示为该属性打开和关闭时的效果。

115

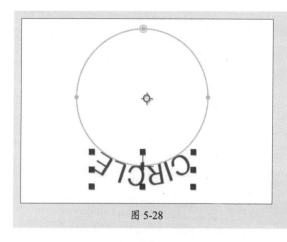

图 5-28

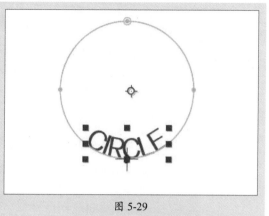

图 5-29

- **垂直于路径：** 设置文字是否垂直于路径。图5-30所示为该属性关闭的效果。
- **强制对齐：** 设置文字与路径首尾是否对齐。图5-31所示为该属性打开的效果。

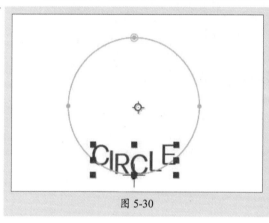

图 5-30

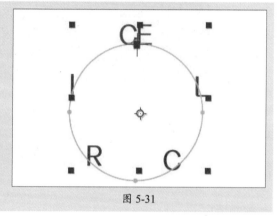

图 5-31

- **首字边距：** 设置首字的边距大小。
- **末字边距：** 设置末字的边距大小。

3. 更多选项

"更多选项"属性中的子选项与"字符"面板中的选项功能相同，并且有些选项还可以控制"字符"面板中的选项设置。该属性中的子选项作用如下。

- **锚点分组：** 指定用于变换的锚点属于单个字符、词、行还是全部。
- **分组对齐：** 用于控制字符锚点相对于组锚点的对齐方式。
- **填充和描边：** 用于控制填充和描边的显示方式。
- **字符间混合：** 用于控制字符间的混合模式，类似于图层混合模式。

▌5.2.2 动画控制器

动画控制器是After Effects中一种用于控制动画属性的工具，通过它可以精确地控制和调整文本动效。执行"动画"|"动画文本"命令，在其子菜单中可以执行命令。选择动画效果或单击"时间轴"面板中的"动画"选项按钮动画: ●，在弹出的快捷菜单中执行命令，可设置动画效果，如图5-32、图5-33所示。

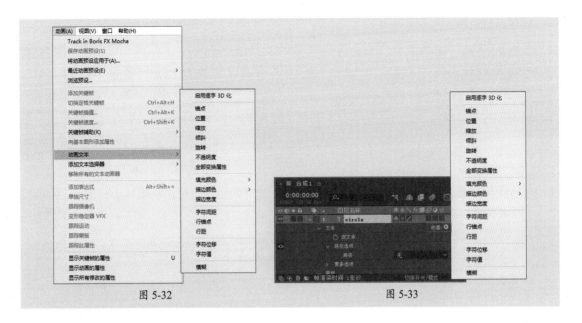

图 5-32   图 5-33

使用动画控制器可以实现对文字、形状、图层等元素的动画特效制作，一般可以将常用的动画控制器分为变换类、颜色类、文本类3类，下面对此进行介绍。

1. 变换类控制器

变换类控制器主要用于变换文本图层，如倾斜、位移、缩放等，类似于文本图层的基本属性，但可操作性更为广泛。图5-34所示为变换类控制器。变换类控制器各选项作用如下。

- **锚点：** 制作文字中心定位点变换的动画。
- **位置：** 调整文本的位置。
- **缩放：** 对文字进行放大或缩小等设置。
- **倾斜：** 设置文本的倾斜程度。
- **旋转：** 设置文本的旋转角度。
- **不透明度：** 设置文本的透明度。
- **全部变换属性：** 将所有属性都添加到范围选择器中。

2. 颜色类控制器

颜色类控制器主要用于控制文本动画的颜色，如填充颜色、描边颜色以及描边宽度，可以设置出丰富的文本颜色效果。图5-35所示为颜色类控制器。

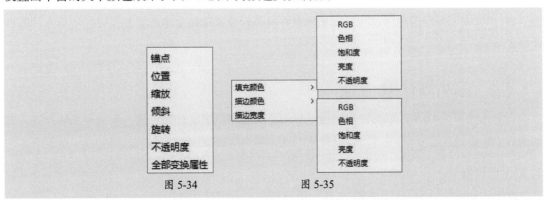

图 5-34   图 5-35

颜色类控制器各选项作用如下。

- **填充颜色**：设置文字的填充颜色，包括RGB、色相、饱和度、亮度及不透明度等选项。
- **描边颜色**：设置文字的描边颜色，包括RGB、色相、饱和度、亮度及不透明度等选项。
- **描边宽度**：设置文字的描边粗细。

以颜色变化动效为例，用户可以为文本设置填充颜色中的RGB选项，并结合关键帧作出颜色变化的效果。

3. 文本类控制器

文本类控制器主要用于控制文本字符的行间距和空间位置，可以从整体上控制文本的动画效果，包括字符间距、行锚点、行距、字符位移、字符值等，图5-36所示为文本类控制器。文本类控制器各选项作用如下。

字符间距
行锚点
行距

字符位移
字符值

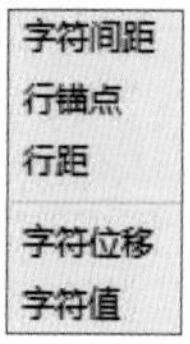

图 5-36

- **字符间距**：设置文字之间的距离。图5-37、图5-38所示为该属性不同参数的效果。

3.1415926

图 5-37

3 . 1 4 1 5 9 2 6

图 5-38

- **行锚点**：设置文本的对齐方式。
- **行距**：设置段落文字行与行之间的距离。图5-39、图5-40所示为该属性不同参数的效果。

行距
行与行之间的距离

图 5-39

行距

行与行之间的距离

图 5-40

- **字符位移**：按照统一的字符编码标准对文字进行位移。
- **字符值**：按照统一的字符编码标准，统一替换设置字符值所代表的字符。

4. 其他类控制器

除了以上控制器外，动画控制器还包括"启用逐字3D化"和"模糊"两种控制器。其中"启用逐字3D化"控制器会将图层转化为三维图层，并将文字图层中的每一个文字作为独立的三维对象；"模糊"控制器则可以在平行和垂直方向分别设置模糊文本的参数，以控制文本的模糊效果。

5.2.3　文本选择器

文本选择器是After Effects中用于选择和调整文本图层中字符的工具，包括范围选择器、摆动选择器和表达式选择器3种，下面对常用的选择器进行介绍。

1. 范围选择器

范围选择器是每个"动画制作工具"属性组都包含的默认选择器，可以精确控制受到动画效果影响的字符，实现细致的动画效果。为文本图层添加任意动画效果后，"时间轴"面板属性列表中将出现"范围选择器1"属性组，展开后如图5-41所示。

图 5-41

该属性组部分选项作用如下。

- **起始和结束：** 用于设置选择项的开始/结束位置。图5-42、图5-43所示为添加"填充颜色"动画控制器后设置"起始"属性并添加关键帧的效果。

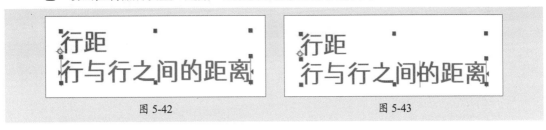

图 5-42　　　　　　　　　　　　图 5-43

- **偏移：** 设置指定的选择项偏移的量。
- **形状：** 控制如何在范围的开始和结束之间选择字符，每个选项均通过使用所选形状在选定字符之间创建过渡来修改选择项。
- **平滑度：** 形状为"正方形"时确定动画从一个字符过渡到另一字符所耗的时间量。
- **缓和高和缓和低：** 确定在选项的值从完全包含（高）更改为完全排除（低）时的变化速度。
- **随机排序：** 以随机顺序向范围选择器指定的字符应用属性。
- **随机植入：** 在随机排序选项设置为"打开"时，计算范围选择器的随机顺序。

│注意事项│

使用范围选择器之前设置文本动画，在范围选择器中可设置文本动画的范围。

2. 摆动选择器

摆动选择器可以控制文本的抖动，配合关键帧动画作出更加复杂的动画效果。为文本图层添加任意动画效果后单击"添加"按钮 添加：○ ，在弹出的快捷菜单中执行"选择器"|"摆动"命令，显示"摆动选择器"属性组，如图5-44所示。该属性组中部分常用选项作用如下。

- **模式：** 设置波动效果与原文本之间的交互模式。包括相加、相减、相交、最小值、最大值、差值6种模式。

- **最大量/最小量：** 设置随机范围的最大值和最小值。
- **摇摆/秒：** 设置每秒中随机变化的频率，该数值越大，变化频率越大。
- **关联：** 设置文本字符至今相互关联变化的程度，数值越大，字符关联的程度越大。
- **时间/空间相位：** 设置文本动画在时间、空间范围内随机量的变化。
- **锁定维度：** 设置随机相对范围的锁定。

图 5-44

知识点拨

　　除了范围选择器和摆动选择器外，用户还可以使用表达式选择器动态控制字符受动画控制器属性影响的程度。

5.2.4　文本动画预设

　　After Effects包括数百种动画预设，将动画预设直接添加至图层即可创建动画效果，还可以根据需要进行修改。图5-45所示为After Effects中的文本动画预设。

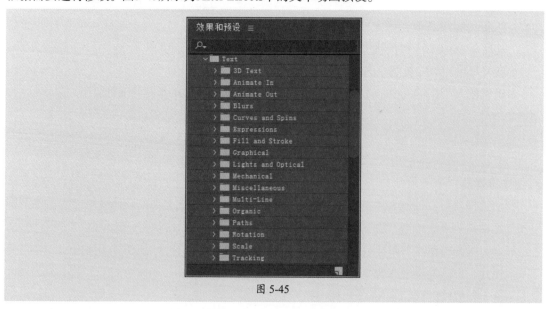

图 5-45

120

动手练 文本跳动动效

本案例练习制作文本跳动动效，涉及的知识点包括文本的创建、关键帧的添加、动画控制器的添加等。

步骤 01 打开After Effects软件，单击主页中的"新建项目"按钮新建项目，按Ctrl+I组合键打开"导入文件"对话框，选择要导入的素材文件，如图5-46所示。

步骤 02 完成后单击"导入"按钮，在弹出的"点赞.psd"对话框中设置参数，如图5-47所示。

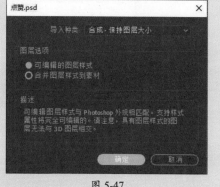

图 5-46 　　　　　　　　　　　　　　　　　　　 图 5-47

步骤 03 完成后单击"确定"按钮导入素材文件，如图5-48所示。

步骤 04 选中"项目"面板中的"点赞"合成并右击，在弹出的快捷菜单中执行"合成设置"命令，打开"合成设置"对话框，设置持续时间为2秒，如图5-49所示。

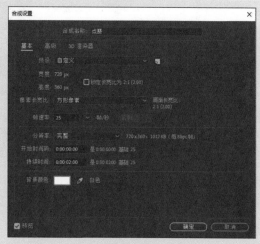

图 5-48 　　　　　　　　　　　　　　　　　　　 图 5-49

步骤 05 双击合成"点赞"，在"时间轴"面板中打开，如图5-50所示。

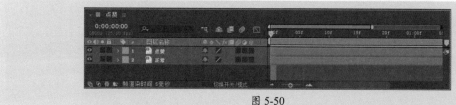

图 5-50

步骤06 使用横排文字工具在"合成"面板中单击，并输入文本0～9，重复输入得到3组数字，如图5-51所示。

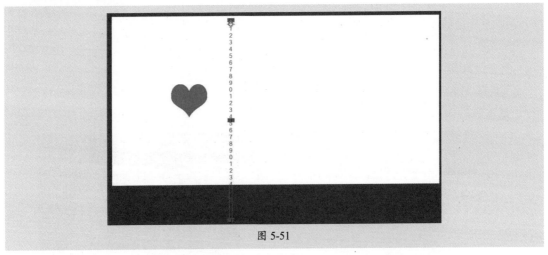

图 5-51

步骤07 选中输入的文字，在"字符"面板中设置文本参数，如图5-52所示。

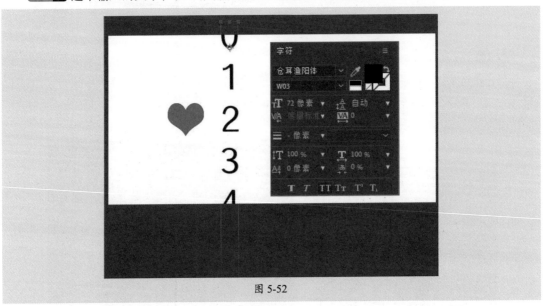

图 5-52

步骤08 在"时间轴"面板中展开文本图层属性组，单击"动画"选项按钮，在弹出的快捷菜单中执行"位置"命令，添加动画控制器后如图5-53所示。

图 5-53

122

步骤 09 移动当前时间指示器至0:00:00:10处，单击"位置"属性左侧的"时间变化秒表"按钮⊙添加关键帧，如图5-54所示。

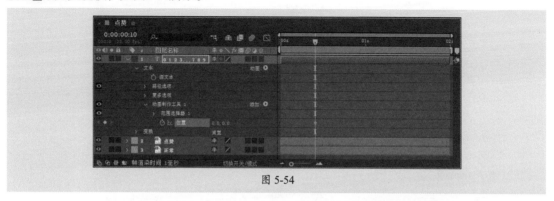

图 5-54

步骤 10 移动当前时间指示器至0:00:01:10处，更改"位置"属性参数，使"合成"面板中显示第3个"2"，软件将自动添加关键帧，如图5-55所示。

图 5-55

注意事项

该步骤中可通过参考线辅助定位数字。按Ctrl+R组合键显示标尺，从标尺中拖曳参考线辅助定位。

步骤 11 选中2个关键帧，按F9键创建缓动效果，单击"时间轴"面板中的"图表编辑器"按钮⊠切换至图表编辑器，选中第2个关键帧调整方向手柄，如图5-56所示。

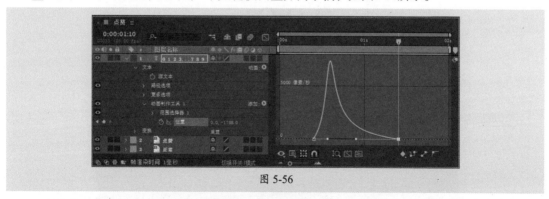

图 5-56

步骤 12 再次单击"时间轴"面板中的"图表编辑器"按钮⊠切换至原时间轴，移动当前时间指示器至0:00:00:10处，选中文本图层后按Ctrl+D组合键复制，在"合成"面板中向右移动文本，并调整文本显示第1个"1"，如图5-57所示。

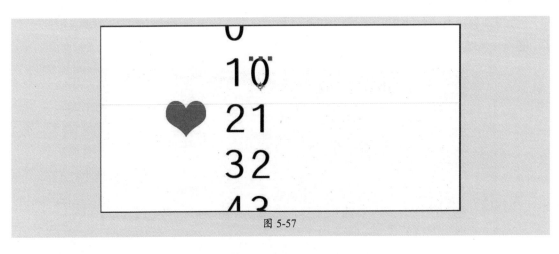

图 5-57

步骤 13 将复制文本图层的第2个关键帧右移4帧，如图5-58所示。

图 5-58

步骤 14 移动当前时间指示器至0:00:00:10处，选中文本图层后按Ctrl+D组合键复制，在"合成"面板中向右移动文本，并调整文本显示第1个"5"，如图5-59所示。

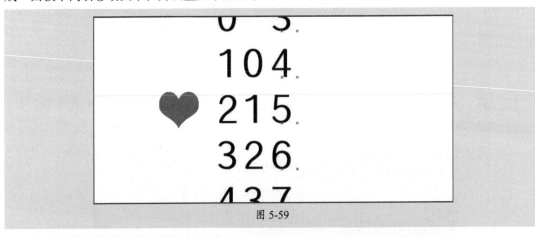

图 5-59

步骤 15 将复制文本图层的第2个关键帧右移4帧，如图5-60所示。

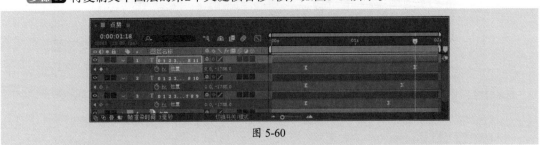

图 5-60

步骤 16 移动当前时间指示器至0:00:00:10处，选中文本图层后按Ctrl+D组合键复制，在"合成"面板中向右移动文本，并调整文本显示第1个"3"，如图5-61所示。

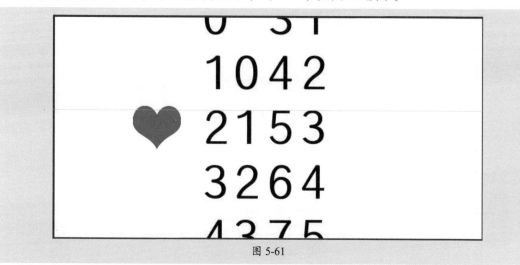

图 5-61

步骤 17 将复制文本图层的第2个关键帧右移4帧，并调整"位置"属性参数，使"合成"面板中显示第3个"4"，如图5-62所示。

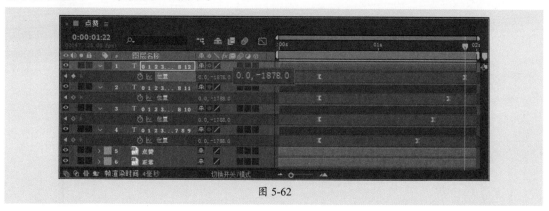

图 5-62

步骤 18 在未选中任何图层的情况下，使用矩形工具绘制矩形，如图5-63所示。

图 5-63

步骤**19** 单击"时间轴"面板底部的"切换开关/模式"切换至模式，设置形状图层的混合模式为"模板Alpha"，效果如图5-64所示。

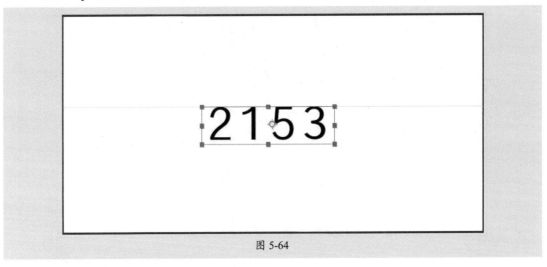

图 5-64

步骤**20** 在"时间轴"面板中调整"点赞"和"正常"图层位于最上方，选中图层后按Ctrl+Alt+Home组合键设置其锚点位于图形中心，如图5-65所示。

图 5-65

步骤**21** 按S键展开其"缩放"属性，移动当前时间指示器至0:00:00:10处，单击"时间变化秒表"按钮添加关键帧，并设置"缩放"属性参数为80，调整素材持续时间，如图5-66所示。

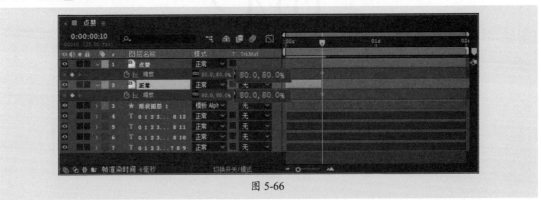

图 5-66

步骤22 移动当前时间指示器至0:00:00:00处,更改"正常"图层的"缩放"属性参数为100,软件将自动添加关键帧,如图5-67所示。

图 5-67

步骤23 移动当前时间指示器至0:00:00:20处,更改"点赞"图层的"缩放"属性参数为100,软件将自动添加关键帧,如图5-68所示。

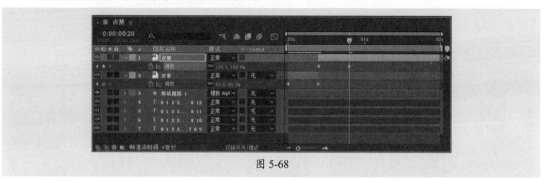

图 5-68

步骤24 执行"视图"|"清除参考线"命令清除参考线,按空格键在"合成"面板中预览效果,如图5-69所示。

图 5-69

至此完成文本跳动动效的制作。

实战演练:闪屏页文字出现动效

本案例练习制作闪屏页文字出现动效,涉及的知识点包括文本的创建、动画预设的添加、关键帧的编辑等。具体的操作步骤如下。

步骤01 打开After Effects软件,单击主页中的"新建项目"按钮新建项目,按Ctrl+I组合键打开"导入文件"对话框,选择要导入的素材文件,如图5-70所示。

步骤02 完成后单击"导入"按钮,在弹出的"闪屏页.psd"对话框中设置参数,如图5-71所示。

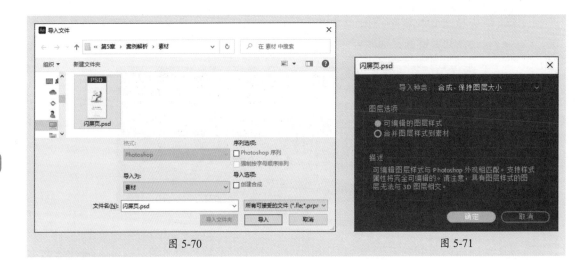

图 5-70 图 5-71

步骤 03 单击"确定"按钮导入素材文件，如图5-72所示。

步骤 04 选中"项目"面板中的"闪屏页"合成并右击，在弹出的快捷菜单中执行"合成设置"命令，打开"合成设置"对话框，设置持续时间为6秒，如图5-73所示。

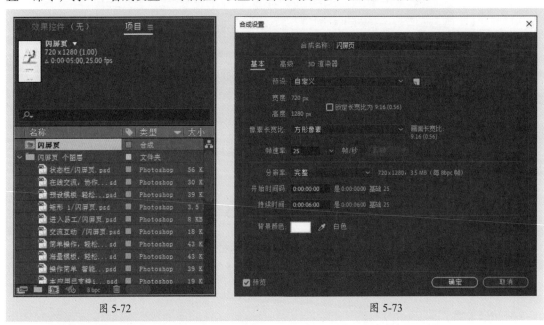

图 5-72 图 5-73

步骤 05 双击合成"闪屏页"，在"时间轴"面板中打开，如图5-74所示。

图 5-74

步骤 06 显示图层"02"和"03"，并调整图层的持续时间，如图5-75所示。

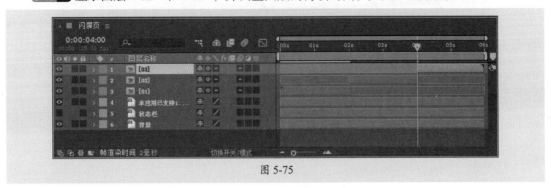

图 5-75

步骤 07 选中图层"01""02"和"03"，按T键展开其不透明度属性，移动当前时间指示器至0:00:00:00，选中图层"01"，单击"不透明度"属性左侧的"时间变化秒表"按钮添加关键帧，并设置属性参数为0%，如图5-76所示。

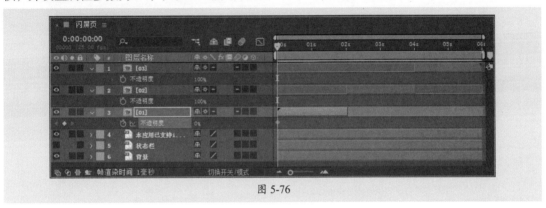

图 5-76

步骤 08 移动当前时间指示器至0:00:00:05处，设置图层"01"的"不透明度"属性参数为100%，软件将自动添加关键帧；在0:00:01:20处单击"在当前时间添加或移除关键帧"按钮，添加不透明度为100%的关键帧，在0:00:02:00处添加不透明度为0%的关键帧，如图5-77所示。

图 5-77

步骤 09 使用相同的方法，为图层"02"在0:00:02:00和0:00:04:00处添加不透明度为0%的关键帧，在0:00:02:05和0:00:03:20处添加不透明度为100%的关键帧；为图层"03"在0:00:04:00和0:00:06:00处添加不透明度为0%的关键帧，在0:00:04:05和0:00:05:20处添加不透明度为100%的关键帧，如图5-78所示。

图 5-78

步骤 10 按空格键在"合成"面板中预览效果，如图5-79所示。

图 5-79

步骤 11 双击打开"时间轴"面板中的图层"01",选中文字所在的图层并右击,在弹出的快捷菜单中执行"创建" | "转换为可编辑文字"命令,即可将该图层转换为可编辑的文本,如图5-80所示。

图 5-80

步骤 12 在"效果和预设"面板中搜索"单词淡化上升"动画预设,拖曳至文本图层上,按U键展开添加关键帧的属性,如图5-81所示。

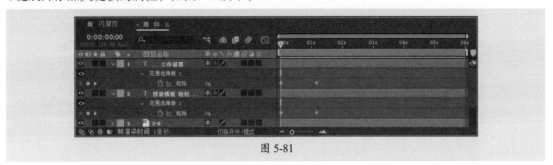

图 5-81

步骤 13 调整关键帧的位置,错开动效,如图5-82所示。

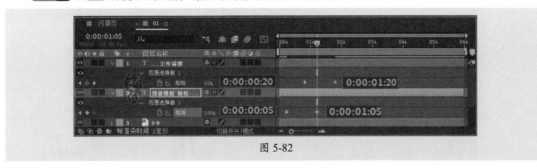

图 5-82

步骤 14 关闭"时间轴"面板中的"01",切换至"闪屏页",双击打开"时间轴"面板中的图层"02",并使用相同的方法将带有文字的图层转换为可编辑的文本图层,添加动画预设并调整关键帧,如图5-83所示。

图 5-83

步骤⑮ 使用相同的方法打开图层"03"，并添加动画预设，如图5-84所示。

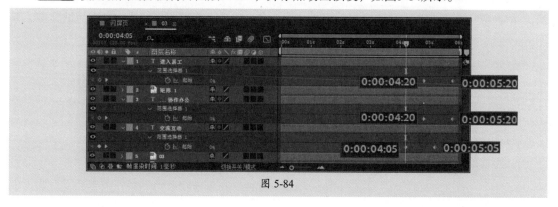

图 5-84

步骤⑯ 切换至"闪屏页"合成，按空格键在"合成"面板中预览效果，如图5-85所示。

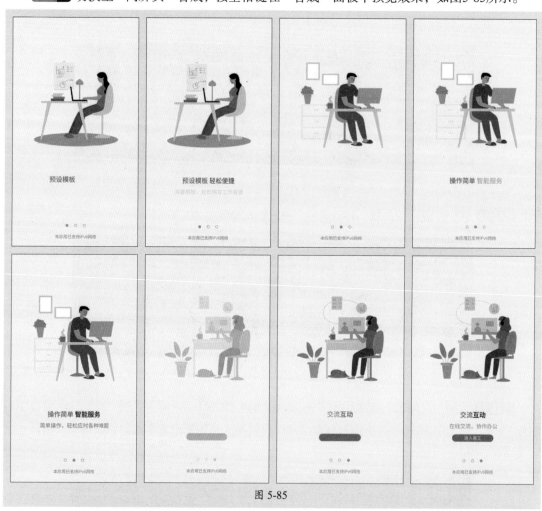

图 5-85

至此完成闪屏页文字出现动效的制作。

知识点拨

该实例中可以使用AIGC生成系列图像，再进行二次创作。

UI动效设计与制作标准教程（全彩微课版）

 新手答疑

1. Q: 文本在 UI 动效中有何作用?

A: 文本是UI动效中非常重要的元素,用户不仅可以将字符单词指定为动画元素,还可以针对文本的字体大小、间距、行距、不透明度等属性制作动画。通过创建的文本动效,不仅可以起到传达信息、引导用户操作的作用,还可以创造视觉焦点,增强品牌形象。

2. Q: 如何制作打字动效?

A: 打字动效是较为常见的一种文本动效,多用于搜索框、对话框输入等。在After Effects软件中,用户可以通过"打字机"动画预设快速实现打字动效的制作。在"合成"面板中输入文本后,将"效果和预设"面板中的"打字机"动画预设拖曳至文本图层,在"时间轴"面板中调整关键帧位置控制打字时长,添加闪烁的光标和音效可以使打字动效更加真实。

3. Q: 如何制作文本变形动效?

A: 文本变形动效多用于标题和按钮的动态效果,如鼠标指针悬停在按钮上时文本变化的动效。在After Effects软件中,用户可以使用"从文本创建形状"命令创建文本轮廓,然后再通过关键帧制作动画。新建文本后创建文字轮廓,通过为"路径"属性添加关键帧制作文本变化的动效即可。要注意的是,可以通过复制文本图层并更改文字内容以创建不同时间节点的文本轮廓效果,再复制关键帧至一个图层中即可。

4. Q: 如何制作文本整体旋转进入且无规律浮现的动效?

A: 文本旋转进入且无规律浮现的动效多用于UI界面的启动页,用户可以通过不透明度控制器和预合成制作该动效。输入文本后添加不透明度控制器制作文本浮现的效果,通过范围选择器中的"高级"属性可以控制文本随机出现,然后创建预合成添加旋转动画使其旋转进入即可。结合其他动画效果还可以制作更丰富的出现动效。

5. Q: 添加文本动画预设后和合成不匹配怎么办?

A: 文本动画预设在NTSC DV 720×480合成中创建,动画预设位置值可能不适合远大于或远小于720×480的合成,用户可以在"时间轴"面板或"合成"面板中调整文本动画制作器的位置值以进行适配。

6. Q: 怎么制作文字造型的形状和蒙版?

A: 创建文本图层后,可以选择从文本创建形状或蒙版。选中文本图层后右击,在弹出的快捷菜单中执行"创建"|"从文字创建形状"命令,即可创建文本轮廓图层;执行"创建"|"从文字创建蒙版"命令,即可创建文本蒙版。

第6章
界面动效设计

UI界面中许多内容都用到了动效，通过动效可以增加UI界面的趣味性与吸引力，提升用户体验。本章将对UI界面中的常见动效进行介绍，包括界面加载等待动效、界面刷新动效、引导界面动效、界面切换动效等。

6.1 常见动效设计

动效是UI设计中不可或缺的内容，其目的是为了提升用户体验及加强交互效果，常见的动效包括界面加载等待动效、刷新动效、引导界面动效等，本节对此进行介绍。

6.1.1 界面加载等待动效设计

界面加载等待动效在UI设计中具有重要的作用，它可以优化用户体验，使枯燥无味的等待时间变得流畅有趣，还可以通过动效引导用户的视线，突出产品的重要特点和功能，增强品牌认知度，更好地传递品牌理念，图6-1所示为支付宝芭芭农场的加载等待动效。

图 6-1

1. 界面加载等待动效的常见类型

界面加载等待动效一般包括以下几个常见类型。

- **进度条动效**：最常见的加载等待动效之一，可以直观地展示加载进度，多以直线或圆形的进度条显示。如微信、知乎等软件的加载等待动效就使用了进度条的形式。

- **粒子动效**：粒子加载等待动效多用于游戏或创意型产品，其形式多为粒子散落、汇聚或变形等，该类型动效可以使用户对界面内容产生兴趣和好奇心，吸引用户的注意，提升产品的品牌印象。

- **3D旋转加载等待动效**：3D旋转加载等待动效一般使用立体图形或抽象元素进行旋转，该类型动效可以创建更立体真实的视觉效果，增加用户体验。如抖音App加载时在界面中使用两个小圆球模拟3D旋转的动态效果，如图6-2所示。

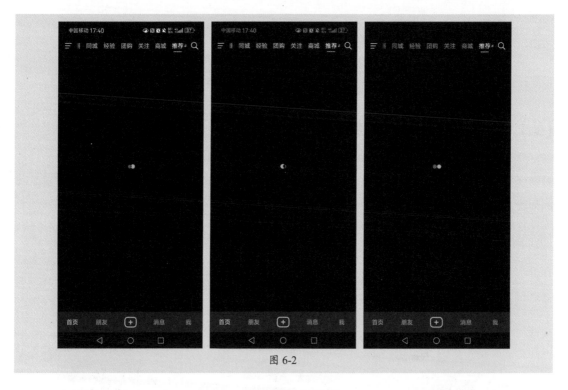

图 6-2

- **拟物化加载等待动效：** 拟物化加载等待动效可以模拟现实中的物体或现象，引起用户的共鸣和好奇心，从而增加用户对界面内容的识别度和记忆程度。同时与实际生活中物体或现象的相似性又可以引导用户进行操作，增加用户的参与度和互动性。
- **交互式加载等待动效：** 交互式加载等待动效可以使用户在操作过程中得到及时的反馈和响应，从而更加主动地参与到界面加载的过程中，增强用户的体验感和参与感。如Edge浏览器在断网时会提供冲浪小游戏供用户等待时玩耍。

2. 界面加载等待动效的设计要点

界面加载等待动效设计时应注意以下8点。

- **明确的视觉指示：** 加载等待动效应该清晰地传达给用户当前的进程状态，让用户明白他们正在等待数据加载完成。使用明确的图标、进度条或动画效果，以确保用户能够理解。
- **平滑的过渡与流畅性：** 加载等待动效的过渡应该平滑、自然且流畅，避免突然的变化或抖动。使用适当的缓动效果和动画曲线，让过渡看起来流畅且舒适。
- **适度的持续时间：** 加载等待动效的持续时间应该经过合理的考虑，让用户既能感知进程的发生，又不会感到等待时间过长。需要根据具体情况和任务的复杂性，平衡动效的持续时间。
- **可见性和不干扰性：** 加载等待动效应该明显可见，但不应干扰用户对其他界面元素的操作。确保动效不会阻挡用户正在查看的内容或操作。
- **适应性：** 加载等待动效应该适应不同的设备和网络条件。考虑到用户可能使用不同的设备和网络连接速度，确保加载等待动效在各种情况下都能正常显示。
- **渐进式反馈：** 加载等待动效可以提供渐进式反馈，即逐步显示加载进度的变化。例如，可以先显示一个模糊的进度条，然后逐渐填充进度条来展示实际加载的进程。

UI动效设计与制作标准教程（全彩微课版）

- **可变性：** 在长时间加载的情况下，加载等待动效可以变化，以增加用户对进程的期待感和兴趣。例如，可以使用变化的图案、颜色或形状来保持用户的注意力。
- **效率和性能：** 确保加载等待动效在各种设备和网络连接下都能流畅运行，以避免用户等待过长或出现卡顿的情况。优化动效的性能，避免过多的资源占用和加载时间。

6.1.2 界面刷新动效设计

界面刷新动效与加载等待动效类似，都可以提升用户体验，不同之处在于刷新动效的主要目的是在刷新过程中提供视觉反馈，以指示刷新操作的状态。图6-3所示为网上国网App的刷新动效。此外刷新动效还可以减轻用户在等待数据加载时的焦虑感，提高页面的响应速度和用户体验，使用户能够更快地获得所需的信息和功能。

图 6-3

界面刷新动效一般包括以下常见类型。

- **旋转刷新：** 界面中的某个图标或元素以旋转的方式表示刷新过程，通过旋转运动，传达界面正在被刷新的状态，及时地反馈给用户。
- **放大/缩小刷新：** 通过放大或缩小界面中的某个元素来表示刷新过程，以元素的尺寸变化引起用户的注意，并传达界面正在更新的消息。
- **渐变刷新：** 界面中的某个元素以渐变的方式表示刷新过程，通过颜色或透明度的渐变效果向用户传达内容正在更新的信息。
- **加载动画刷新：** 界面中使用加载动画来表示刷新过程，这种动效可以是旋转的加载图标、跳动的进度条或其他形式的加载动画，让用户明确地知道界面正在进行刷新操作。
- **淡入/淡出刷新：** 界面中的内容以淡入或淡出的方式表示刷新过程，通过透明度的渐变，让旧内容逐渐消失，新内容逐渐出现，给用户一种焕然一新的感觉。
- **动态图像刷新：** 界面中的动态图像或动画以变化的方式表示刷新过程，通过图像的变化或动画的播放，表现界面正在刷新的状态。

6.1.3 引导界面的动效设计

引导界面的动效设计是指在用户首次使用应用程序或进行新功能介绍时，通过动态效果引导和吸引用户完成操作或提供相关信息的过程，其目的一般是为了增强用户体验、引导用户操作、吸引用户注意力、突出产品特点等，图6-4所示为WPS Office App的引导界面切换时的动效。

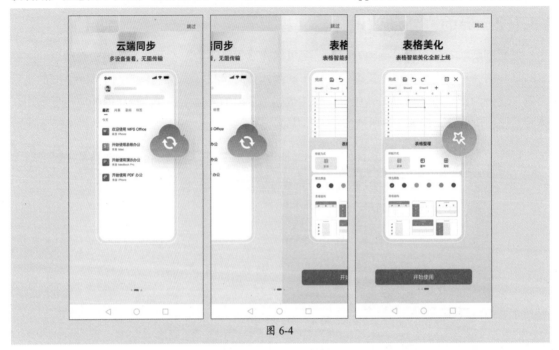

图 6-4

引导界面的动效一般包括以下常见类型。

- **引导提示：** 通过高亮、放大或闪烁的动画效果，引导用户注意特定的界面元素或功能，该类型动效可以帮助用户了解如何使用应用程序的核心功能，引导他们完成特定的任务。

- **滑动引导：** 通过指示箭头、手势动画或带有逐步说明的滑动效果，引导用户在屏幕上滑动或滚动，以获得更多信息或访问其他屏幕，该类型动效可以帮助用户探索应用程序的各部分，提供更多有用的内容或功能。

- **转场动效：** 转场动效是引导用户在多个界面之间进行切换或跳转的动态效果。通过平滑的过渡效果，可以增强用户体验并帮助用户更好地理解和使用产品。

- **图标动效：** 图标动效是通过动态效果来展示应用程序或网站的图标和按钮的交互效果。这些动态效果可以突出图标和按钮的重要性和可操作性，同时也可以提供视觉上的吸引力和反馈。

- **动态引导图标：** 通过为引导图标应用动画效果，例如旋转、弹跳或放大缩小，吸引用户关注并提示特定的操作，该类型动效可以在应用程序中标记关键功能，增加用户对这些功能的发现和使用频率。

- **反馈性动效：** 是指用户在操作后页面给出的操作反馈提示动效。这些动态效果可以展示操作的结果和反馈，同时也可以提供视觉上的吸引力和反馈。

- **情境模拟动效：** 通过模拟现实场景中的动态效果来增强产品的交互体验和逼真感。这些动态效果包括动画、声音、光线等，可以提供更加逼真的交互体验和沉浸感。

6.1.4 导航菜单动效设计

导航菜单动效设计是指通过动态效果来增强导航菜单的交互体验和吸引力，以提供更优质的用户体验。同时还可以帮助用户更好地理解和使用产品或服务，提高用户的使用效率。图6-5所示为华为手机时钟App的导航菜单切换动效。

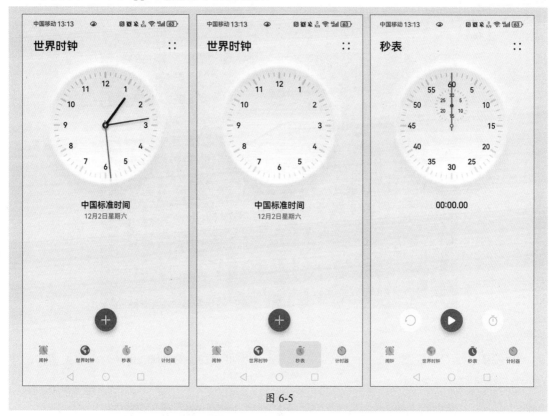

图 6-5

导航菜单动效一般包括以下常见类型。

- **滑动菜单**：通过滑动屏幕或触摸屏幕左侧边缘的方式，触发菜单的展开或收起，该类型动效多适用于移动设备，用户可以快速切换不同的菜单选项。
- **弹出动效**：当用户将光标悬停在导航菜单上或点击导航按钮时，菜单以弹出的方式出现，给用户一种立体感和互动性，该类型动效可以增强导航菜单的可视化效果，使其更加引人注目和易于使用。
- **横向滚动菜单**：将菜单设计成横向滚动的形式，用户可以通过滚动屏幕的方式浏览菜单，该类型动效适用于菜单选项较多，需要展示多列的情况。
- **下拉菜单**：通过下拉屏幕的方式，触发菜单的展开或收起，该类型动效适用于需要展示更多菜单选项的情况，同时也可以方便用户进行操作。
- **点击放大菜单**：通过点击按钮或图标的方式，触发菜单以放大的形式展示，该类型动效适用于需要突出显示特定菜单选项的情况，例如主页、产品页面等。
- **高亮动效**：当用户将光标悬停在导航菜单上或选择某个导航选项时，菜单项可以以高亮或变色的方式突出显示，该类型动效可以帮助用户快速识别当前所处的导航位置，并提供视觉反馈。

进度条加载等待动效

　　本案例练习制作进度条加载等待动效，涉及的知识点包括After Effects中关键帧动画的制作、加载等待动效的设计等。

　　步骤 01 打开After Effects软件，执行"文件"|"打开项目"命令，打开本章素材文件，如图6-6所示。

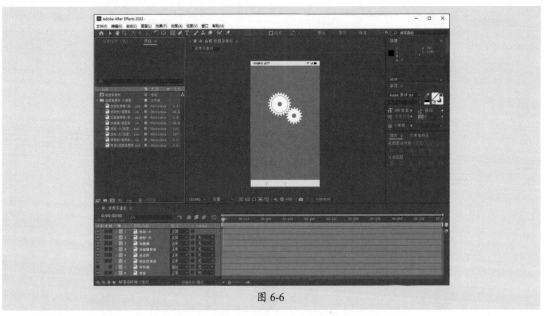

图 6-6

　　步骤 02 显示"背景图"图层，按T键展开其不透明度属性，在0:00:00:00处添加关键帧，并设置不透明度属性参数为0%，如图6-7所示。

图 6-7

　　步骤 03 移动当前时间指示器至0:00:04:00处，设置不透明度属性参数为100%，软件将自动添加关键帧，如图6-8所示。

图 6-8

步骤 04 在"合成"面板中按空格键预览效果，如图6-9所示。

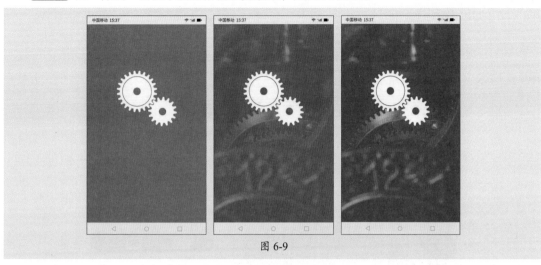

图 6-9

步骤 05 选择"齿轮-小"和"齿轮-大"图层，按R键展开其"旋转"属性，移动当前时间指示器至0:00:00:00处，单击旋转属性左侧的"时间变化秒表"按钮⏱添加关键帧；移动当前时间指示器至0:00:05:00处，设置"齿轮-小"和"齿轮-大"图层的"旋转"属性参数，软件将自动添加关键帧，如图6-10所示。

图 6-10

步骤 06 不选择任何图层，使用圆角矩形工具在"合成"面板中绘制一个400×60、圆度为30的圆角矩形，并设置其填充为无，描边为白色，宽度为4，如图6-11、图6-12所示。

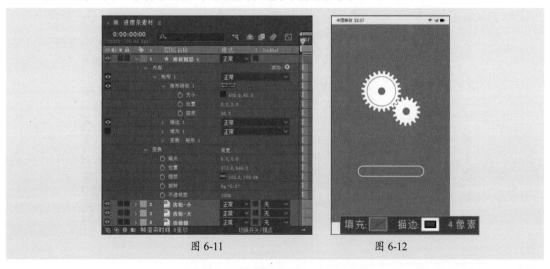

图 6-11   图 6-12

步骤 07 选中形状图层1，按Ctrl+D组合键复制，设置其填充为白色，描边为无，大小为380×40、圆度为20，如图6-13、图6-14所示。

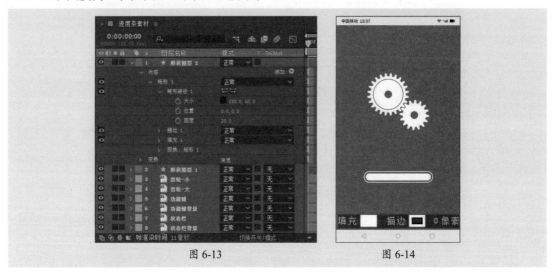

图 6-13   图 6-14

步骤 08 移动当前时间指示器至0:00:04:00处，单击形状图层2"矩形路径1"属性组中"大小"和"位置"属性左侧的"时间变化秒表"按钮添加关键帧；移动当前时间指示器至0:00:00:00处，设置"大小"和"位置"属性参数，软件将自动添加关键帧，如图6-15所示。

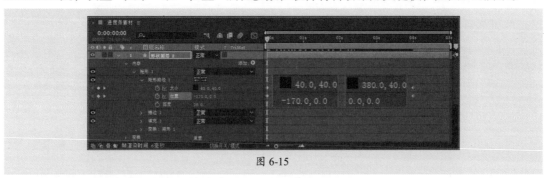

图 6-15

步骤 09 在"合成"面板中按空格键预览效果，如图6-16所示。

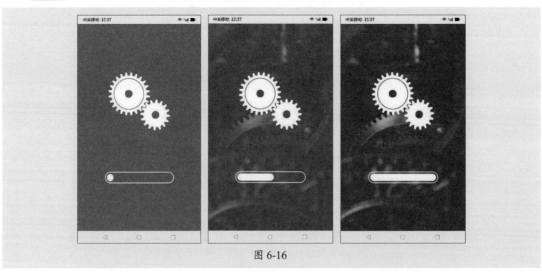

图 6-16

步骤10 按Ctrl+Y组合键打开"纯色设置"对话框设置参数，如图6-17所示。完成后单击"确定"按钮新建纯色合成，如图6-18所示。

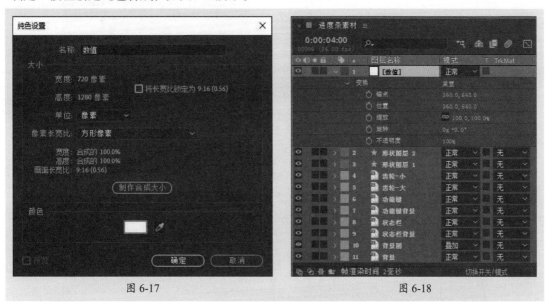

图 6-17　　　　　　　　　　　　　　　　　　　　图 6-18

步骤11 选中新建的纯色图层，执行"效果"|"文本"|"编号"命令，打开"编号"对话框并设置参数，如图6-19所示。

步骤12 完成后单击"确定"按钮，效果如图6-20所示。

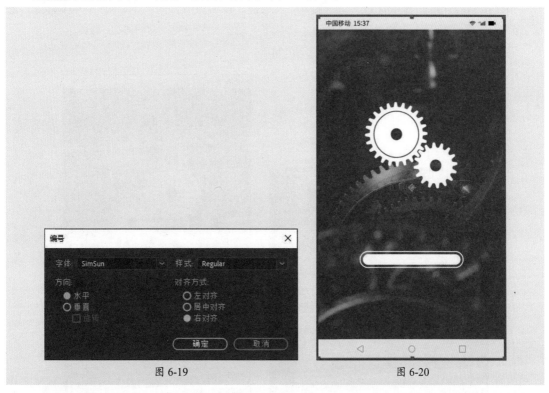

图 6-19　　　　　　　　　　　　　　　　　　　　图 6-20

步骤13 图6-21所示，选中"数值"图层，在"效果控件"面板中设置参数。效果如图6-22所示。

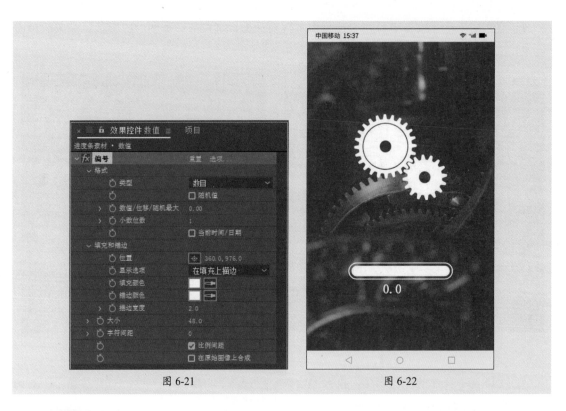

图 6-21

图 6-22

步骤 14 移动当前时间指示器至0:00:00:00处，单击"效果控件"面板中"数值/位移/随机最大"属性左侧的"时间变化秒表"按钮 添加关键帧；移动当前时间指示器至0:00:04:00处，设置"数值/位移/随机最大"属性参数为100，软件将自动添加关键帧，如图6-23所示。

步骤 15 此时"合成"面板中的效果如图6-24所示。

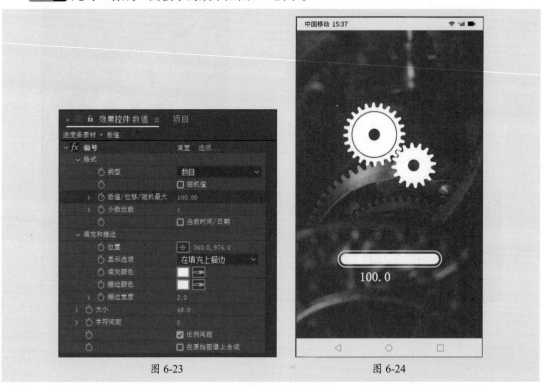

图 6-23

图 6-24

步骤 16 使用横排文本工具在数值右侧输入%，在"字符"面板中设置参数，如图6-25所示。效果如图6-26所示。

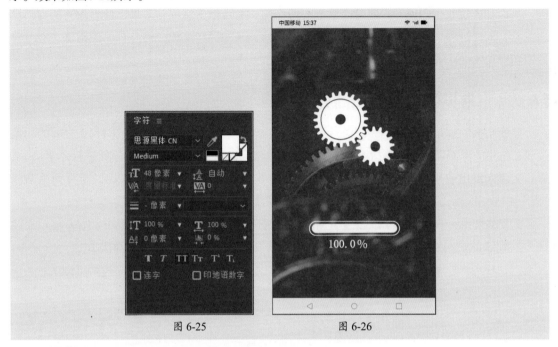

图 6-25　　　　　　　　　　　　　图 6-26

步骤 17 在"合成"面板中按空格键预览效果，如图6-27所示。

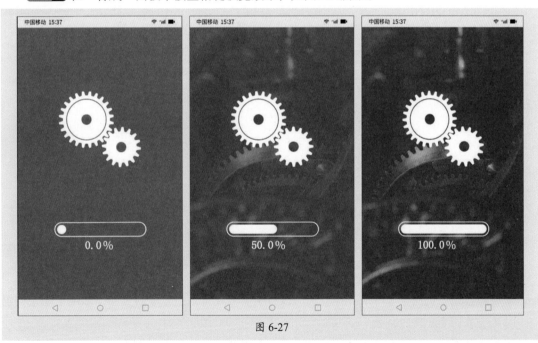

图 6-27

至此完成进度条加载等待动效的制作。

知识点拨

该实例中可以通过AIGC生成背景及齿轮图像，再进行二次设计，以节省操作时间。

6.2 界面切换动效设计

界面切换动效在UI设计中起着非常重要的作用，它可以丰富视觉效果，使界面间的切换更加流畅，同时还可以直观地为用户展示界面之间的关联和操作流程，提升页面逻辑感。本节对界面切换动效设计进行介绍。

6.2.1 常见的界面切换动效

界面切换动效是指在用户界面设计中，用动画效果来实现不同页面或不同状态之间的切换过渡，常见的界面切换动效包括淡入淡出、平移、缩放、翻转界面等，下面对此进行介绍。

- **淡入淡出效果：** 页面之间的切换以渐变的方式进行，原页面逐渐淡出，新页面逐渐淡入，多用于信息展示类应用。
- **平移效果：** 页面在水平或垂直方向上平滑滑动，类似于翻页效果，多用于需要显示连续信息或大量内容的应用。微信界面的切换就使用了平移效果，如图6-28所示。

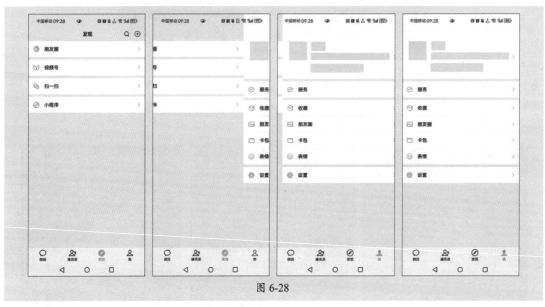

图 6-28

- **缩放效果：** 页面的大小从小到大或从大到小进行缩放，给用户一种逐渐接近或离开的感觉，多用于焦点切换或元素的放大、缩小。
- **旋转效果：** 页面围绕某个中心点进行旋转，给用户一种旋转空间的感觉，多用于切换到新视角或展示3D效果的应用。
- **破碎效果：** 页面被分解成碎片，然后以特定的方式重新组合成新页面，多用于创意类应用或革新性设计。
- **渐变效果：** 页面元素的颜色、形状或透明度以渐变的方式进行变化，创造出丰富的过渡效果，多用于增加界面的动感和现代感。

6.2.2 界面切换动效设计规范

界面切换动效设计可以创建流畅且具有吸引力的切换效果，在设计时可以遵循以下规范，以使界面切换效果更符合用户体验的要求。

- **一致性**：界面切换动效应该与应用程序的整体设计风格和品牌一致，在设计时可以使用相同的动效模式、颜色方案和形状元素等，以确保一致的用户体验和视觉连贯性。
- **易于识别**：界面切换动效应该明确显示出从一个页面或状态切换到另一个页面或状态的过程，通过直接、清晰的过渡效果，让用户能够准确地察觉到界面的变化。
- **平滑流畅**：界面切换动效的过渡应该平稳、自然且流畅，避免突然、突兀或抖动的效果，在设计时可以使用适当的缓动效果和动画曲线，让切换过程看起来更加舒适和自然。
- **适度延迟**：界面切换动效中的适度延迟可以提供更好的用户体验，让用户有足够的时间感知切换过程，同时也不会太慢，以致让用户感到等待时间过长。
- **信息层次**：在界面切换动效中，应确保关键信息在切换过程中始终可见并易于辨认。避免动效过于复杂或快速，以确保用户能够准确地看到并理解页面的内容。
- **适应性**：界面切换动效应该适应不同的设备和屏幕大小，以确保在各种设备上都能呈现一致的效果。
- **反馈性**：界面切换动效应该提供明确的反馈，让用户可以及时地知道他们的操作已被接受并正在进行处理。例如，在点击链接后立即显示相应的界面切换动效，以传达用户操作的即时性。
- **效率和性能**：确保界面切换动效在各种设备和网络连接下都能流畅运行，以避免用户等待过长或出现卡顿的情况。这里可以选择优化动效的性能，避免过多的资源占用和加载时间。

动手练 日历切换动效

本案例练习制作日历切换动效，涉及的知识点包括After Effects中关键帧动画的制作、日历切换动效的设计等。

步骤 01 打开After Effects软件，单击主页中的"新建项目"按钮新建项目，按Ctrl+I组合键打开"导入文件"对话框，选择要导入的素材文件，完成后单击"导入"按钮，在弹出的"日历.ai"对话框中设置参数，如图6-29所示。

步骤 02 完成后单击"确定"按钮导入素材文件，如图6-30所示。

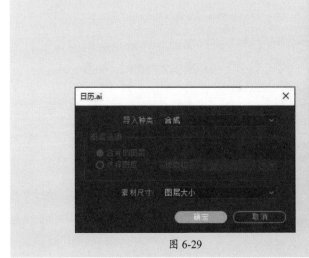

图 6-29   图 6-30

步骤 03 双击合成"日历",在"时间轴"面板中打开,隐藏"月菜单"和"月界面"图层,如图6-31所示。

图 6-31

步骤 04 此时"合成"面板中的效果如图6-32所示。

步骤 05 选中"年界面"图层,选择"向后平移(锚点)工具" ▦ ,移动"合成"面板中选中对象的锚点至合适位置,如图6-33所示。

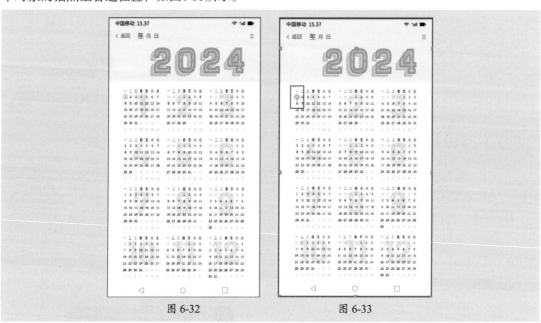

图 6-32   图 6-33

步骤 06 选中"年界面"图层,按S键展开其"缩放"属性,移动当前时间指示器至0:00:01:00处,单击"缩放"属性左侧的"时间变化秒表"按钮 ⏱ 添加关键帧,如图6-34所示。

图 6-34

步骤 07 移动当前时间指示器至0:00:01:10处，更改缩放属性参数，软件将自动添加关键帧，如图6-35所示。

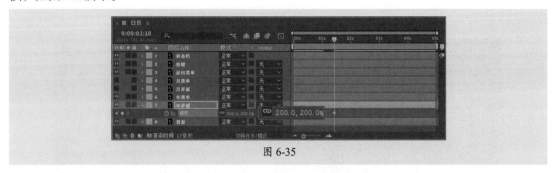

图 6-35

步骤 08 按T键展开"年界面"图层的"不透明度"属性，单击"不透明度"属性左侧的"时间变化秒表"按钮 ⬭ 添加关键帧，并设置不透明度属性参数为30%，如图6-36所示。

图 6-36

步骤 09 移动当前时间指示器至0:00:01:08处，更改不透明度属性参数为100%，软件将自动添加关键帧，如图6-37所示。

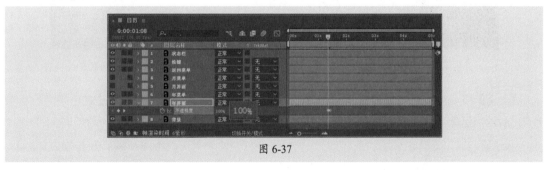

图 6-37

步骤 10 移动当前时间指示器至0:00:01:10处，更改"年界面"和"月界面"图层的持续时间，如图6-38所示。

图 6-38

步骤11 选中"年菜单"图层，按T键展开其"不透明度"属性，移动当前时间指示器至0:00:01:00处，单击"不透明度"属性左侧的"时间变化秒表"按钮添加关键帧；移动当前时间指示器至0:00:01:20处，更改不透明度属性参数为0%，软件将自动添加关键帧，如图6-39所示。

图 6-39

步骤12 显示"月菜单"图层，按T键展开其"不透明度"属性，单击"不透明度"属性左侧的"时间变化秒表"按钮添加关键帧；移动当前时间指示器至0:00:01:00处，更改不透明度属性参数为0%，软件将自动添加关键帧，如图6-40所示。

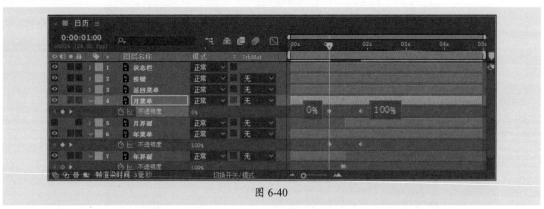

图 6-40

步骤13 移动当前时间指示器至0:00:01:10处，显示"月界面"图层，按T键展开其"不透明度"属性，设置"不透明度"属性参数为30%，单击"不透明度"属性左侧的"时间变化秒表"按钮添加关键帧；移动当前时间指示器至0:00:01:12处，更改不透明度属性参数为100%，软件将自动添加关键帧，如图6-41所示。

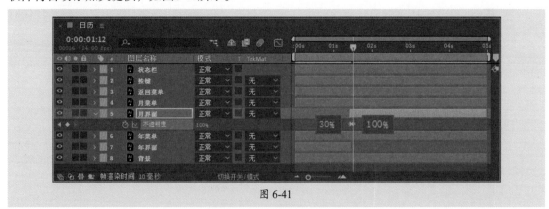

图 6-41

步骤14 移动当前时间指示器至0:00:01:10处，选中"月界面"图层，选择"向后平移（锚点）工具" ，移动"合成"面板中选中对象的锚点至合适位置，如图6-42所示。

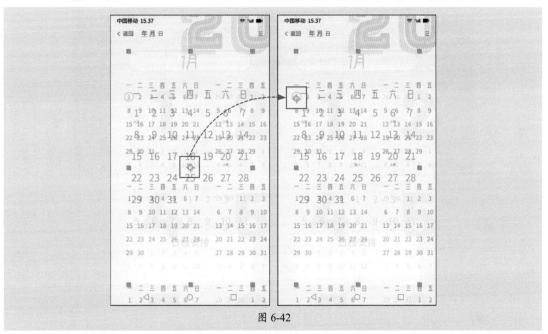

图 6-42

步骤15 按S键展开其"缩放"属性，单击"缩放"属性左侧的"时间变化秒表"按钮 添加关键帧，并设置"缩放"属性参数，如图6-43所示。

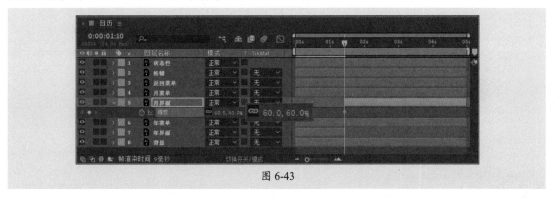

图 6-43

步骤16 移动当前时间指示器至0:00:01:20处，更改"缩放"属性参数，软件将自动添加关键帧，如图6-44所示。

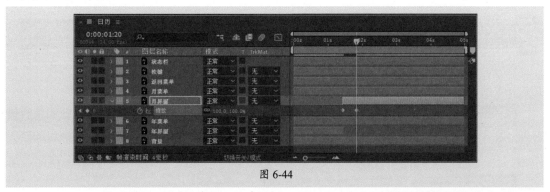

图 6-44

步骤 17 选中 "月菜单" "月界面" "年菜单" 和 "年界面" 图层，按U键展开其添加关键帧的属性，选中所有关键帧，按F9键添加缓动效果，如图6-45所示。

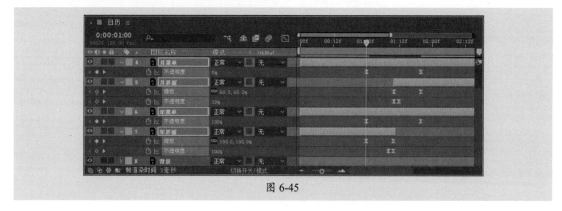

图 6-45

步骤 18 在 "合成" 面板中按空格键预览效果，如图6-46所示。

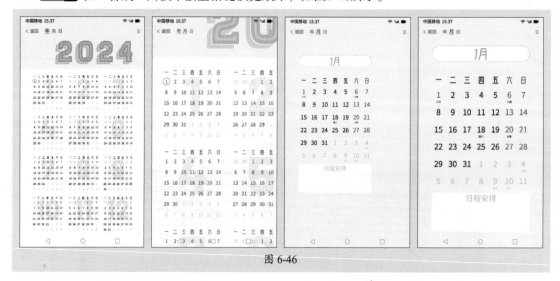

图 6-46

至此完成日历切换动效的制作。

知识点拨

该实例中可以使用AIGC生成装饰物，再进行二次创作后导入动效中，以丰富界面效果。

实战演练：界面切换动效

本案例练习制作界面切换动效。涉及的知识点包括After Effects中关键帧动画的制作、界面切换动效的设计等，下面对具体的操作步骤进行介绍。

步骤 01 打开After Effects软件，单击主页中的 "新建项目" 按钮新建项目，按Ctrl+I组合键打开 "导入文件" 对话框，选择要导入的素材文件，完成后单击 "导入" 按钮，在弹出的 "界面.psd" 对话框中设置参数，如图6-47所示。

步骤 02 完成后单击 "确定" 按钮导入素材文件，如图6-48所示。

图 6-47
图 6-48

步骤 03 双击合成"界面"，在"时间轴"面板中打开，如图6-49所示。

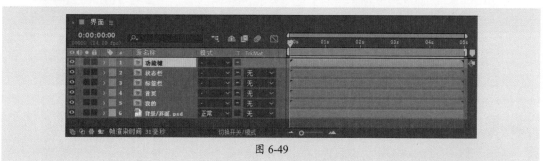

图 6-49

步骤 04 选中"首页"和"我的"图层，按P键展开其"位置"属性并调整参数，如图6-50所示。

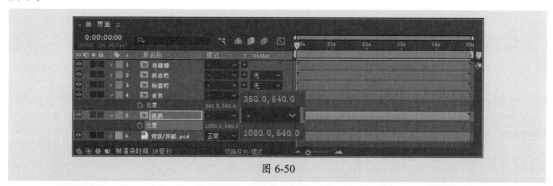

图 6-50

步骤 05 此时"合成"面板中的效果如图6-51所示。

步骤 06 移动当前时间指示器至0:00:01:00处，单击"首页"和"我的"图层"位置"属性左侧的"时间变化秒表"按钮 添加关键帧；移动当前时间指示器至0:00:02:00处，更改"位置"属性参数，软件将自动添加关键帧，如图6-52所示。

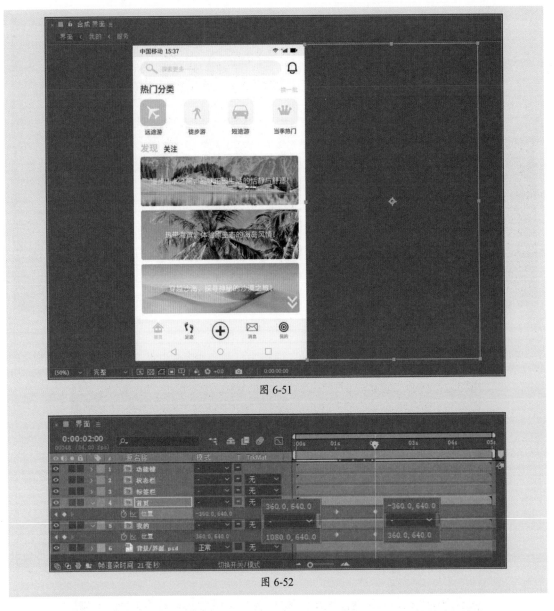

图 6-51

图 6-52

步骤 **07** 选中关键帧，按F9键创建缓动效果，单击"时间轴"面板中的"图表编辑器"按钮
█ 切换至图表编辑器，选中右侧2个关键帧并调整方向手柄，如图6-53所示。

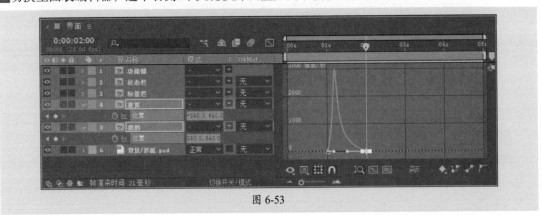

图 6-53

步骤 08 在"合成"面板中按空格键预览效果，如图6-54所示。

图 6-54

步骤 09 单击"时间轴"面板中的"图表编辑器"按钮切换至原时间轴。移动当前时间指示器至0:00:01:00处，双击打开"时间轴"面板中的"标签栏"预合成，选中文字图层后右击，在弹出的快捷菜单中执行"创建"|"转换为可编辑文字"命令，将其转换为文字，如图6-55所示。

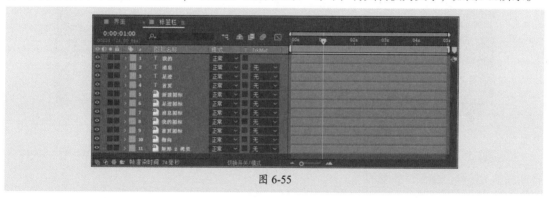

图 6-55

步骤 10 展开"首页"图层属性组，单击"动画"选项按钮 动画 ，在弹出的快捷菜单中执行"填充颜色"|"RGB"命令，添加动画控制器，并设置填充颜色与文字上方的图标颜色一致，单击"填充颜色"属性左侧的"时间变化秒表"按钮 添加关键帧，如图6-56所示。

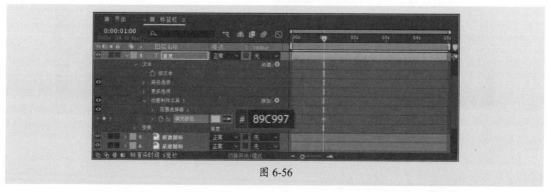

图 6-56

步骤 11 移动当前时间指示器至0:00:02:00处，更改填充颜色与其他图标颜色一致，软件将自动添加关键帧，如图6-57所示。

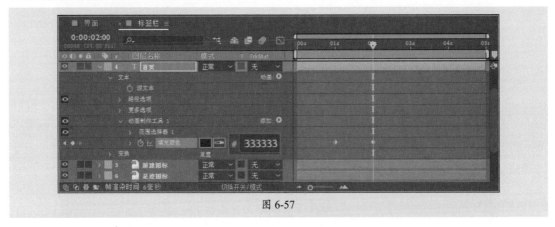

图 6-57

步骤 12 选中"首页图标"图层，执行"效果"|"颜色校正"|"更改为颜色"命令为其添加效果，设置参数，单击"至"属性左侧的"时间变化秒表"按钮🕐添加关键帧，如图6-58所示。

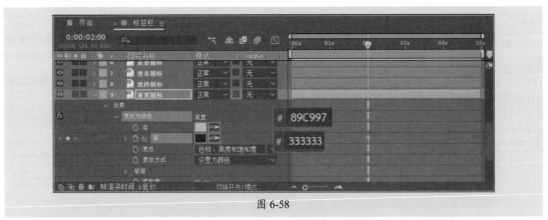

图 6-58

步骤 13 移动当前时间指示器至0:00:01:00处，更改"至"颜色与"自"颜色一致，软件将自动添加关键帧，如图6-59所示。

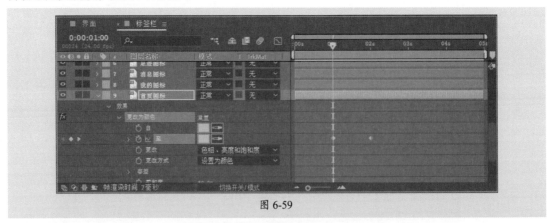

图 6-59

步骤 14 使用相同的方法，为"我的"和"我的图标"图层添加与"首页"和"首页图标"图层颜色变化相反的效果，如图6-60所示。

图 6-60

步骤 15 选中"指向"图层，按P键展开"位置"属性，在0:00:01:00处单击"位置"属性左侧的"时间变化秒表"按钮 ⓒ 添加关键帧；移动当前时间指示器至0:00:02:00处，更改"位置"属性参数，软件将自动添加关键帧，如图6-61所示。

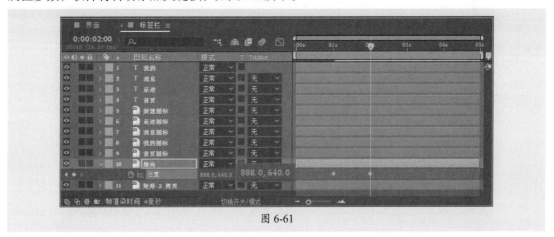

图 6-61

步骤 16 选中新添加的2个关键帧，按F9键创建缓动效果，单击"时间轴"面板中的"图表编辑器"按钮 🗟，切换至图表编辑器，选中右侧关键帧并调整方向手柄，如图6-62所示。

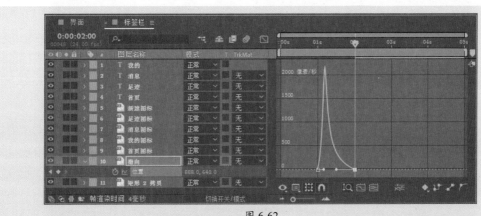

图 6-62

步骤17 单击"时间轴"面板中的"图表编辑器"按钮■，切换至原时间轴，关闭"标签栏"合成，双击打开"界面"合成中的"我的"合成，移动当前时间指示器至0:00:02:00处，单击"位置"属性左侧的"时间变化秒表"按钮■添加关键帧，如图6-63所示。

图 6-63

步骤18 移动当前时间指示器至0:00:01:00处，根据"合成"面板中的上下顺序，依次将添加关键帧的图层向右挪出画面，如图6-64所示。

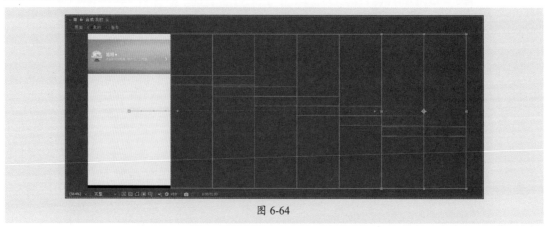

图 6-64

步骤19 此时"时间轴"面板中将自动添加关键帧，如图6-65所示。

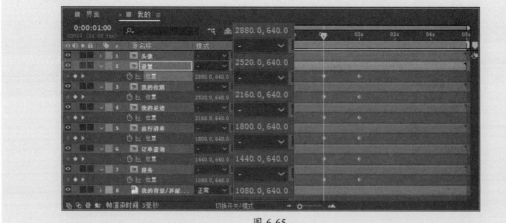

图 6-65

步骤 20 选中新添加的关键帧，按F9键创建缓动效果，单击"时间轴"面板中的"图表编辑器"按钮 ，切换至图表编辑器，选中右侧关键帧并调整方向手柄，如图6-66所示。

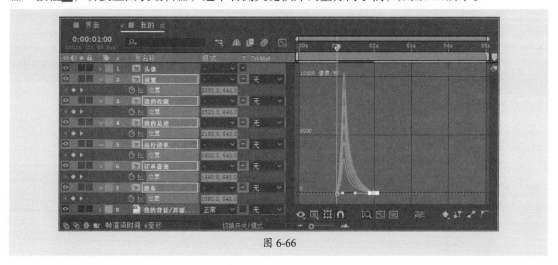

图 6-66

步骤 21 单击"时间轴"面板中的"图表编辑器"按钮 ，切换至原时间轴，关闭"我的"合成，切换至"界面"合成，在"合成"面板中按空格键预览效果，如图6-67所示。

图 6-67

至此完成界面切换动效的制作。

新手答疑

1. Q：进度条加载动效有什么特点？

A：进度条加载动效具有以下特点。

- **直观性：** 直接显示加载进度，让用户对剩余等待时间有明确的心理预期。
- **引导性：** 通过动态加载的形式展示加载过程，引导用户视线，增加用户的注意力和耐心。
- **适应性：** 可以根据不同的环境及设备进行适配。

2. Q：制作动效时怎么使变化更加自然？

A：通过设置关键帧插值可以实现动效自然变化的效果。关键帧插值可以调整关键帧之间的变化速率，从而影响变化效果。选中要设置关键帧插值的关键帧后右击，在弹出的快捷菜单中执行"关键帧插值"命令，打开"关键帧插值"对话框进行设置。常用插值方式的作用如下：

- **线性插值：** 创建关键帧之间的匀速变化。
- **贝塞尔曲线插值：** 创建自由变换的插值，用户可以手动调整方向手柄。
- **连续贝塞尔曲线插值：** 创建通过关键帧的平滑变化速率，用户可以手动调整方向手柄。
- **自动贝塞尔曲线插值：** 创建通过关键帧的平滑变化速率。
- **定格插值：** 创建突然的变化效果，位于应用了定格插值的关键帧之后的图表显示为水平直线。

设置完关键帧插值后还可以在图表编辑器面板中细微调整变化速率，以制作更加符合物理规律的变化效果。

3. Q：加载等待动效和刷新动效的区别是什么？

A：两者的目的和应用场景略有不同，但都是为了提升用户体验和交互效果。加载等待动效通常用于数据加载或页面切换，向用户展示正在进行中的操作，以减少用户的等待感，它的目的是提供视觉上的一个反馈，告诉用户系统正在处理他们的请求，并且应用程序并未崩溃或无响应；而刷新动效通常用于下拉刷新或加载更多的操作中，用于展示刷新或加载的进度，它的目的是提供一个视觉上的反馈，告诉用户他们的操作正在进行中，并且可以通过刷新来获取最新的数据或内容。

4. Q：在进行 UI 动效设计时应注意哪些方面？

A：在进行UI动效设计时应注意以下方面。

- **用户体验：** 动效的出现是为了带给用户良好的用户体验，动效应是有意义的，可以帮助用户更好地理解和使用产品。
- **一致性：** 动效应遵循相同的设计原则和风格，保持整体的统一性。
- **易于理解：** 动效应能够清晰地传递信息，帮助用户准确理解界面的交互和状态变化。
- **反馈性：** 动效应提供明确的反馈信息，帮助用户及时获取反馈和引导。

UI动效设计与制作标准教程（全彩微课版）

第7章
Photoshop 动效制作

Photoshop的功能非常强大，可以完成平面至动效的全系列工作。本章对Photoshop动效制作进行介绍，包括视频时间轴、帧动画时间轴制作动效的方式及导出动效的格式等。

7.1 制作动效

Photoshop是Adobe公司旗下一款专业的图像处理软件，主要处理由像素构成的位图，用户可以通过Photoshop轻松制作UI界面及动效，下面对此进行介绍。

7.1.1 认识时间轴

时间轴是制作动效必不可少的元素，Photoshop中的时间轴分为视频时间轴和帧动画时间轴两种类型，视频时间轴可以创建基于时间轴的动画，多用于视频编辑和后期制作；帧动画时间轴则可以创建基于帧的动画，多用于制作逐帧动画。

执行"窗口"|"时间轴"命令，即可打开"时间轴"面板，如图7-1所示。在"时间轴"面板中单击下拉按钮，在弹出的列表中选择要创建的时间轴，然后单击下拉按钮左侧的按钮，即可创建相应类型的时间轴。

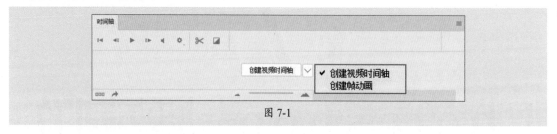

图 7-1

7.1.2 制作帧动画

单击"时间轴"面板中的"创建帧动画"按钮，即可创建帧动画时间轴，如图7-2所示。选中第1帧缩览图，单击"复制所选帧"按钮 🔲 复制当前帧，改变该帧内容即可制作出变化的效果。

图 7-2

知识点拨

除了使用"复制所选帧"按钮 🔲 复制当前帧外，用户还可以单击"时间轴"面板中的菜单按钮 ☰，在弹出的快捷菜单中执行"新建帧"命令，即可复制当前帧。

帧动画时间轴面板中部分常用选项作用如下。

- **选择帧延迟时间** 0秒 ：用于设置每帧的播放速度。
- **转换为视频时间轴** ：单击该按钮，可以使用关键帧将图层属性制作成动画，从而将帧动画转换为时间轴动画。
- **选择循环选项** 永远▼ ：用于设置动画作为动画GIF文件导出时的播放次数。
- **过渡动画帧** ：单击该按钮，打开"过渡"对话框，在该对话框中，可以设置过渡方式、过渡帧数等参数，完成后单击"确定"按钮，可以在设置的帧之间添加过渡帧。

UI动效设计与制作标准教程（全彩微课版）

- **复制所选帧**◨：单击该按钮，将复制当前帧，该按钮可以在帧动画时间轴中添加帧以制作更加丰富的动效。
- **删除所选帧**🗑：单击该按钮，将删除当前帧。

在制作帧动画时，用户可以通过复制粘贴帧复制图层的配置将其应用至目标帧。

选中要复制图层配置的帧，单击"时间轴"面板中的菜单按钮▤，在弹出的快捷菜单中执行"拷贝单帧"命令，即可复制帧。选中目标帧，再次单击"时间轴"面板中的菜单按钮▤，在弹出的快捷菜单中执行"粘贴单帧"命令，在弹出的"粘贴帧"对话框中设置参数，如图7-3所示。完成后单击"确定"按钮即可粘贴帧。

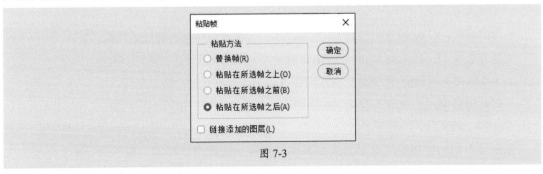

图 7-3

该对话框中各选项作用如下。
- **替换帧**：选择该选项，将使用复制的帧替换所选帧。
- **粘贴在所选帧之上**：选择该选项，将会把粘贴的帧的内容作为新图层添加至所选帧的图像中。
- **粘贴在所选帧之前**：选择该选项，将在目标帧之前粘贴复制的帧。
- **粘贴在所选帧之后**：选择该选项，将在目标帧之后粘贴复制的帧。
- **链接添加的图层**：勾选该复选框，将链接"图层"面板中粘贴的图层。

7.1.3 制作视频时间轴动画

单击"时间轴"面板中的"创建视频时间轴"按钮，即可创建视频时间轴，如图7-4所示。此时该面板中将显示文档各个图层的帧持续时间和动画属性。

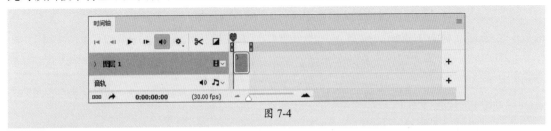

图 7-4

视频时间轴面板中部分常用选项作用如下。
- **关闭/启用音频播放**◀🔊：单击该按钮，可以使音频轨道静音或取消静音。
- **设置回放选项**⚙：单击该按钮，在弹出的下拉菜单中可以设置媒体素材的分辨率以及是否循环播放。
- **在播放头处拆分**✂：单击该按钮，可以在播放头所在位置拆分媒体素材。

- **启用关键帧动画◎**：单击该按钮，将在播放头所在位置添加关键帧。添加关键帧后，相应状态的"启用关键帧动画"按钮◎前将出现"关键帧导航器"◀◇▶。用户可以通过"关键帧导航器"◀◇▶添加新的关键帧。
- **转换为帧动画▭▭▭**：单击该按钮，可以将视频时间轴转换到帧动画模式。
- **渲染视频➔**：单击该按钮后将打开"渲染视频"对话框，在该对话框中设置参数后单击"渲染"按钮，即可导出视频。
- **时间轴显示比例◀▁▁▁◢**：用于设置时间轴的显示比例。
- **向轨道添加媒体/音频⊞**：单击该按钮，打开"打开"对话框，选择合适的媒体素材添加至轨道中。
- **时间标尺**：根据文档的持续时间和帧速率，水平测量持续时间或帧计数。
- **播放头▼**：用于指示当前时间，拖动播放头可浏览帧或更改当前时间或帧。
- **工作区域指示器▯**：用于标记要预览或导出的动画或视频的特定部分。
- **时间轴菜单▤**：单击该按钮，在弹出的下拉菜单中可以选择相应的命令，为时间轴添加注释、调整工作区域等。

在视频时间轴中用户可以通过添加关键帧制作动态效果。移动"播放头"▼至要添加关键帧的位置，单击"启用关键帧动画"按钮◎，添加第一个关键帧，移动"播放头"▼，单击"在播放头处添加或移去关键帧"按钮◆，再次添加关键帧，如图7-5所示。调整相应的参数，即可作出变化的效果。

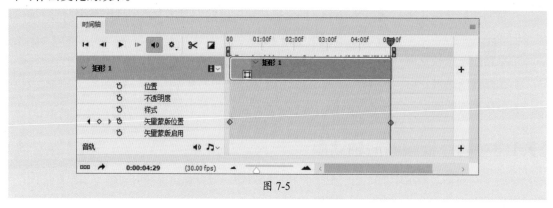

图 7-5

添加关键帧后，若想删除关键帧，可以移动"播放头"▼至要删除的关键帧处，单击"在播放头处添加或移去关键帧"按钮◆，即可删除当前关键帧，或者选中要删除的关键帧，按Delete键删除即可；若想删除所有的关键帧，单击"时间轴"面板中相应参数前的"移去现有关键帧"按钮◎即可。

动手练 制作进度条动效

本案例练习制作进度条动效，涉及的知识点包括Photoshop中视频时间轴的创建、关键帧的添加等。

步骤01 打开本章素材文件，如图7-6所示。

步骤02 选中"背景图"图层，按Ctrl+J组合键复制，如图7-7所示。

图 7-6   图 7-7

步骤 03 选中复制的图层，执行"滤镜"|"模糊"|"高斯模糊"命令，打开"高斯模糊"对话框，设置参数，如图7-8所示。

步骤 04 完成后单击"确定"按钮添加模糊效果，如图7-9所示。

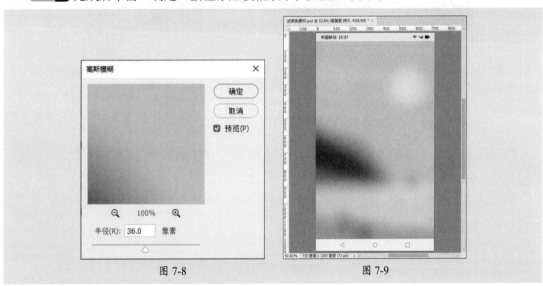

图 7-8   图 7-9

步骤 05 移动播放头至0:00:04:00处，展开"背景图 拷贝"图层，单击"不透明度"属性左侧的"启用关键帧动画" 按钮 添加关键帧，如图7-10所示。

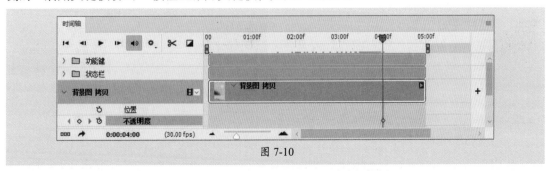

图 7-10

步骤 06 移动播放头至0:00:04:29处，在"图层"面板中更改"背景图 拷贝"图层的"不透明度"为0%，"时间轴"面板中将自动出现关键帧，如图7-11所示。

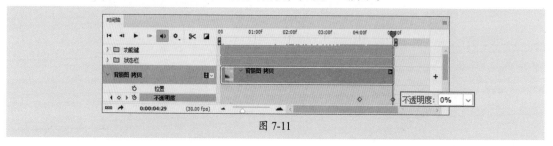

图 7-11

步骤 07 按空格键预览效果，如图7-12所示。

图 7-12

步骤 08 移动播放头至0:00:00:00处，使用矩形工具绘制矩形，设置填充为无，描边为白色，描边粗细为4像素，效果如图7-13所示。

步骤 09 选中绘制的矩形后按Ctrl+J组合键复制，在"属性"面板中设置描边为无，填充为白色，效果如图7-14所示。

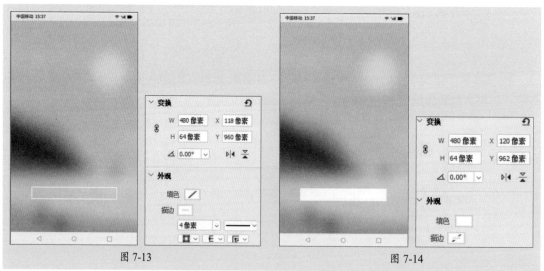

图 7-13   图 7-14

步骤 10 选中复制的矩形，按Ctrl键的同时单击图层缩览图创建选区，单击"图层"面板底部的"添加图层蒙版"按钮■创建图层蒙版，单击图层蒙版与图层中间的链接按钮■，取消其链接，如图7-15所示。

步骤 11 在"时间轴"面板中展开"矩形3 拷贝"图层属性，单击图层蒙版位置属性左侧的"启用关键帧动画"按钮■添加关键帧，选中"图层"面板中的蒙版缩览图，按键盘上的左方向键向左移动蒙版，直至完全隐藏矩形，如图7-16、图7-17所示。

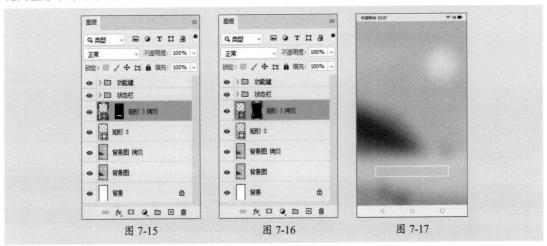

图 7-15   图 7-16   图 7-17

步骤 12 移动播放头至0:00:04:20处，选中"图层"面板中的蒙版缩览图，按键盘上的右方向键向右移动蒙版，直至完全显示矩形，如图7-18、图7-19所示。

步骤 13 此时"时间轴"面板中将自动出现关键帧，如图7-20所示。

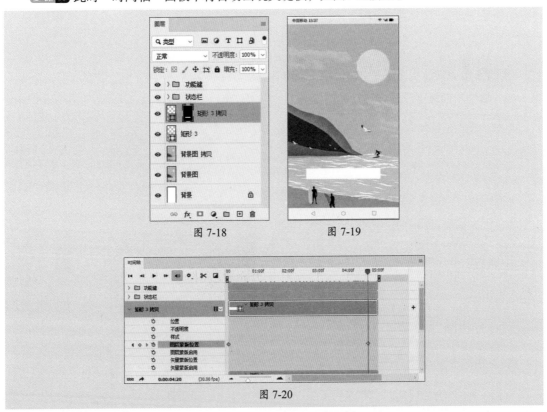

图 7-18   图 7-19

图 7-20

步骤14 单击"不透明度"属性左侧的"启用关键帧动画"按钮 ⏱ 添加关键帧；移动播放头至0:00:04:29处，在"图层"面板中更改"矩形3 拷贝"图层的"不透明度"为0%，"时间轴"面板中将自动出现关键帧，如图7-21所示。

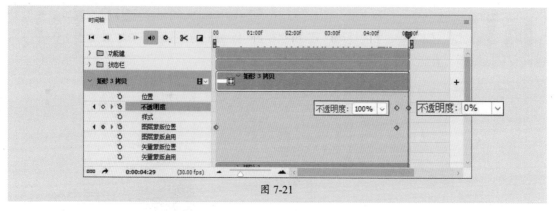

图 7-21

步骤15 使用相同的方法为"矩形3"图层添加相同的"不透明度"关键帧，如图7-22所示。

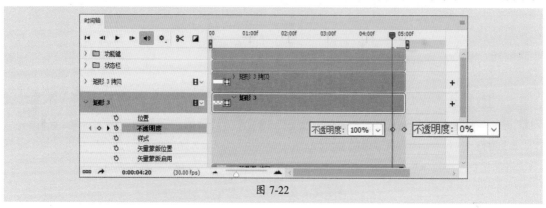

图 7-22

步骤16 移动播放头至0:00:04:00处，使用竖排文字工具在画布中的合适位置单击，输入文字，在"属性"面板中设置参数，如图7-23、图7-24所示。

图 7-23   图 7-24

步骤 17 在"时间轴"面板中移动光标至文本图层末端，按住鼠标左键向左拖曳调整其持续时间，如图7-25所示。

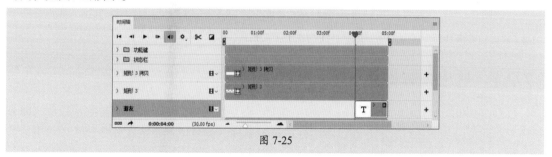

图 7-25

步骤 18 展开文本图层属性，单击"不透明度"属性左侧的"启用关键帧动画"按钮⭘添加关键帧，并设置图层不透明度为0%；移动播放头至0:00:04:20处，在"图层"面板中更改文本图层的"不透明度"为100%，"时间轴"面板中将自动出现关键帧，如图7-26所示。

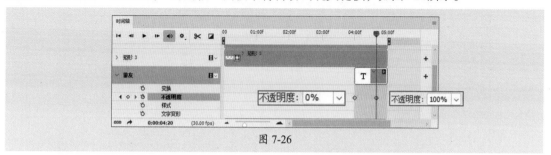

图 7-26

步骤 19 按空格键预览效果，如图7-27所示。至此完成进度条动效的制作。

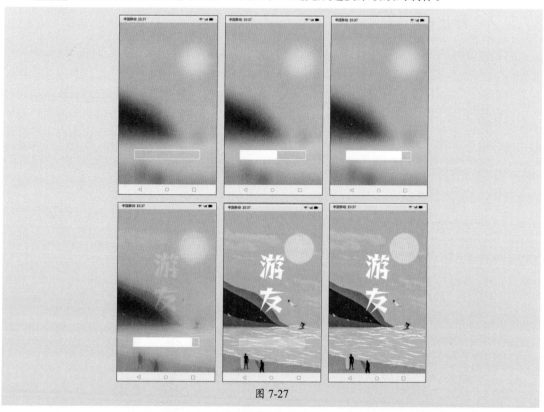

图 7-27

7.2 导出动效

动效制作完成后需要将其导出为视频或GIF格式的文件，以便后续应用，Photoshop支持导出H.264、QuickTime、GIF等格式，下面对此进行介绍。

7.2.1 导出视频格式

在Photoshop中制作完成动效后，执行"文件"|"导出"|"渲染视频"命令，打开"渲染视频"对话框，如图7-28所示。在该对话框中设置名称、保存位置及格式等参数后，单击"渲染"按钮即可导出设置的视频格式。

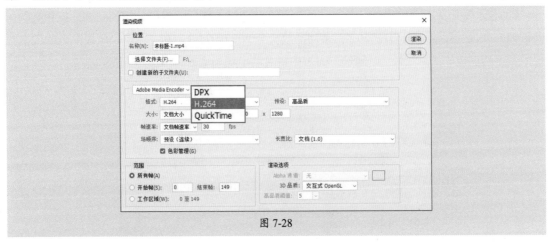

图 7-28

7.2.2 导出GIF格式

若想导出GIF格式，可以执行"文件"|"导出"|"存储为Web所用格式（旧版）"命令，或按Alt+Shift+Ctrl+S组合键打开"存储为Web所用格式"对话框，如图7-29所示。从中选择GIF格式并设置其他参数，单击"存储"按钮，打开"将优化结果存储为"对话框，设置存储路径及名称后单击"保存"按钮，即可将文件导出为GIF格式。

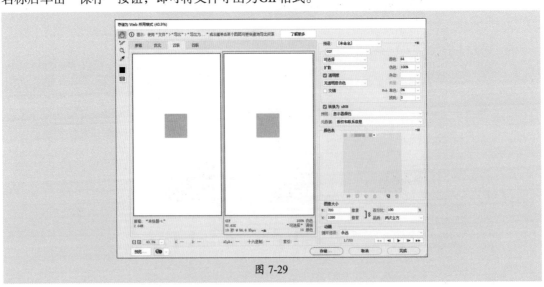

图 7-29

动手练 导出加载旋转等待动效

本案例练习制作并导出加载旋转等待动效。涉及的知识点包括帧动画的制作、图形的绘制、旋转变换等。

步骤 01 打开Photoshop软件，新建一个400×400像素大小的空白文档，使用矩形工具绘制一个20×80像素、圆角半径为10像素的矩形，在"属性"面板中设置属性参数，如图7-30所示。效果如图7-31所示。

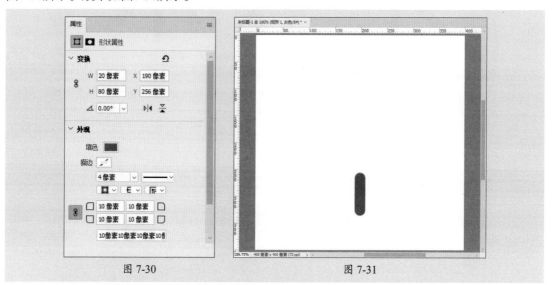

图 7-30   图 7-31

步骤 02 选中绘制的矩形，按Ctrl+J组合键复制，在"属性"面板中调整其位置，如图7-32所示。效果如图7-33所示。

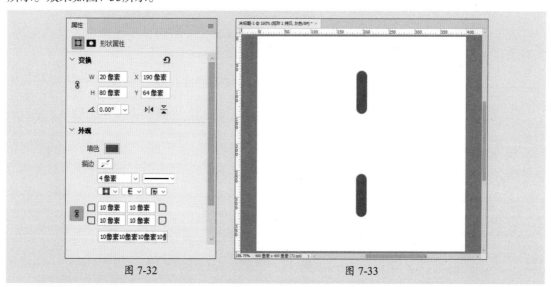

图 7-32   图 7-33

步骤 03 选中2个矩形，按Ctrl+J组合键复制，按Ctrl+T组合键自由变换，在选项栏中设置"旋转"◿为45°，旋转矩形，效果如图7-34所示。

步骤 04 选中现有的4个矩形，按Ctrl+J组合键复制，按Ctrl+T组合键自由变换，在选项栏中设置"旋转"◿为90°，旋转矩形，效果如图7-35所示。

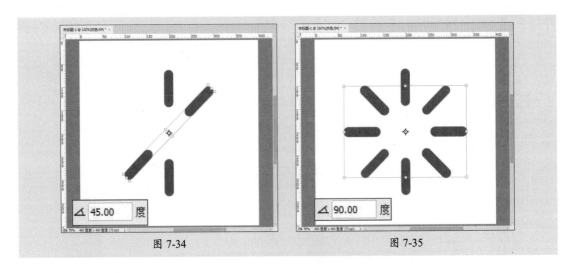

图 7-34　　　　　　　　　　　　　　　　　　　　图 7-35

步骤05 选中所有矩形图层后右击，在弹出的快捷菜单中执行"栅格化图层"命令来栅格化图层，按Ctrl+E组合键合并图层，如图7-36所示。

步骤06 新建图层，为其填充喜欢的渐变，设置渐变为角度渐变，效果如图7-37所示。

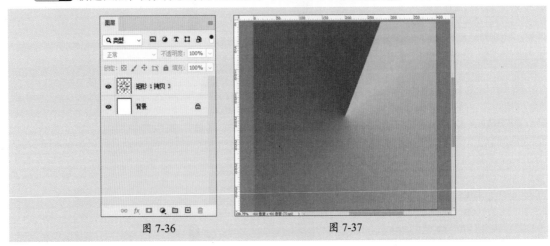

图 7-36　　　　　　　　　　　　　　　图 7-37

步骤07 选中渐变图层，按Ctrl+Alt+G组合键创建剪贴蒙版，如图7-38所示。效果如图7-39所示。

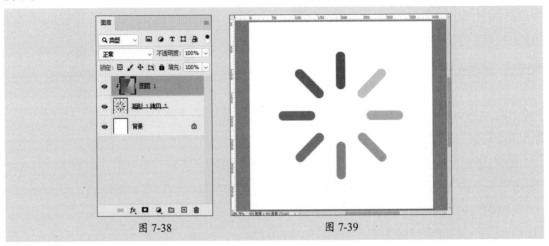

图 7-38　　　　　　　　　　　　　　　图 7-39

步骤 08 选中渐变图层，按Ctrl+J组合键复制，按Ctrl+T组合键自由变换并旋转45°，按Ctrl+Alt+G组合键创建剪贴蒙版，如图7-40所示。效果如图7-41所示。

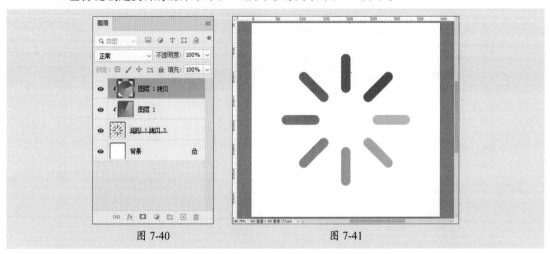

图 7-40　　　　　　　　　　　　　　　　图 7-41

步骤 09 按Ctrl+Shift+Alt+T组合键重复变换并复制，如图7-42、图7-43所示。

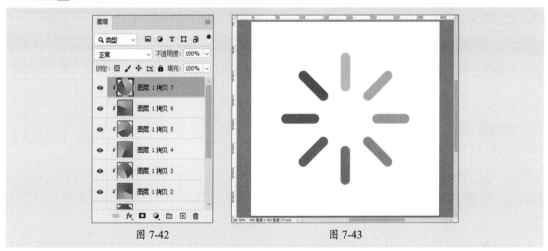

图 7-42　　　　　　　　　　　　　　　　图 7-43

步骤 10 隐藏最上方的7个图层，单击"时间轴"面板中的"创建帧动画"按钮创建帧动画，并设置延迟时间为0.2秒，如图7-44所示。

图 7-44

步骤 11 单击"复制所选帧"按钮 回 复制当前帧，隐藏"图层1"图层，显示"图层1 拷贝"图层，如图7-45所示。

步骤 12 单击"复制所选帧"按钮 回 复制当前帧，隐藏"图层1 拷贝"图层，显示"图层1 拷贝2"图层，如图7-46所示。

步骤 13 重复复制，并依次隐藏显示图层，直至显示最上方图层，如图7-47所示。

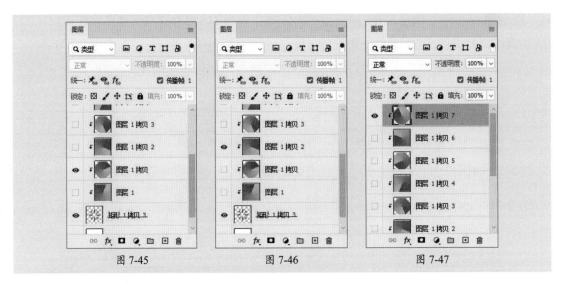

图 7-45　　　　　　　　　　图 7-46　　　　　　　　　　图 7-47

步骤 14 此时"时间轴"面板中有8帧，如图7-48所示。

图 7-48

步骤 15 执行"文件"|"导出"|"存储为Web所用格式（旧版）"命令，打开"存储为Web所用格式"对话框，选择GIF格式并设置参数，如图7-49所示。

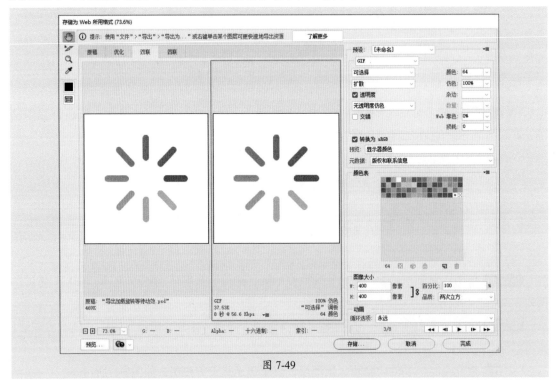

图 7-49

步骤 16 单击"存储"按钮，打开"将优化结果存储为"对话框，选择导出路径并设置名称，如图7-50所示。

步骤 17 完成后单击"保存"按钮导出GIF文件，在导出文档中找到GIF文件，双击打开，如图7-51所示。

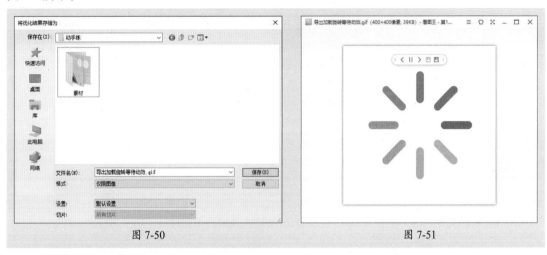

图 7-50 图 7-51

至此完成加载旋转等待动效的制作及导出。

实战演练：制作天气预报动效

本案例练习制作天气预报动效，最后将该动画效果导出。涉及的知识点包括素材的应用、关键帧的添加等。具体的操作步骤如下。

步骤 01 打开本章素材文件，如图7-52、图7-53所示。

图 7-52

图 7-53

第7章 Photoshop动效制作

175

步骤 02 单击"时间轴"面板中的"创建视频时间轴"按钮创建视频时间轴，如图7-54所示。

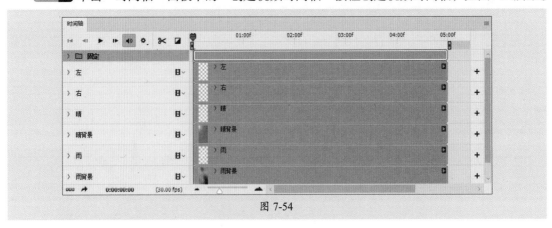

图 7-54

步骤 03 展开"晴背景"和"雨背景"图层属性，移动播放头至0:00:02:00处，单击"晴背景"和"雨背景"图层"不透明度"属性左侧的"启用关键帧动画"按钮添加关键帧，并在"图层"面板中设置"雨背景"图层的不透明度为0%，如图7-55所示。

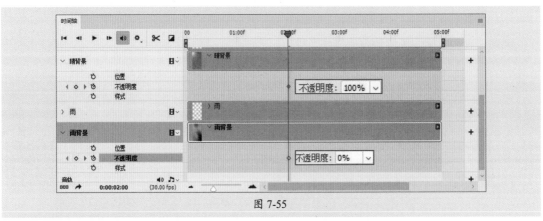

图 7-55

步骤 04 移动播放头至0:00:03:00处，在"图层"面板中设置"晴背景"图层的不透明度为0%，"雨背景"图层的不透明度为100%，软件将自动添加关键帧，如图7-56所示。

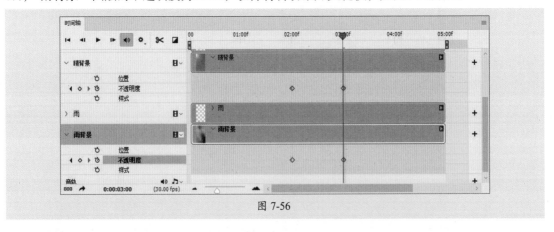

图 7-56

步骤 05 展开"晴"和"雨"图层属性，移动播放头至0:00:02:00处，单击"变换"属性左侧的"启用关键帧动画"按钮添加关键帧，如图7-57所示。

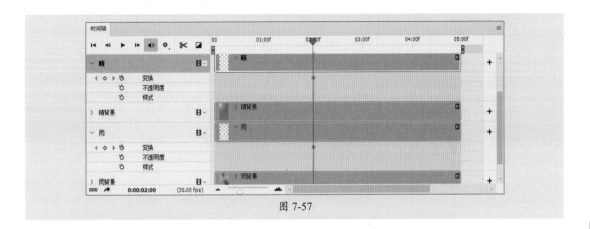

图 7-57

步骤 06 移动播放头至0:00:03:00处，选中"晴"图层，按Ctrl+T组合键自由变换，按住Alt键移动锚点至参考线交汇处，如图7-58所示。在选项栏中设置"旋转" 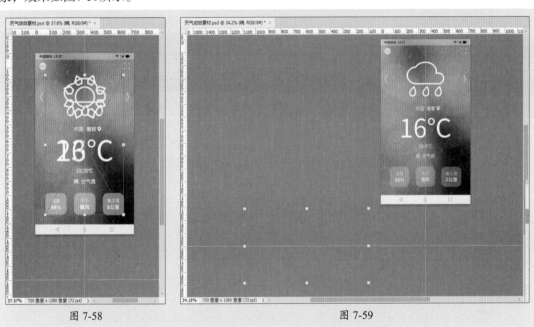为-90°，旋转选中对象，效果如图7-59所示。

图 7-58　　　　　　　　　　　　　　　　　图 7-59

步骤 07 此时"时间轴"面板中将自动出现关键帧，如图7-60所示。

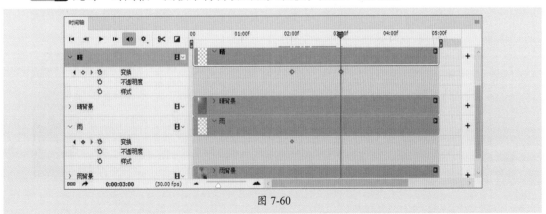

图 7-60

步骤08 单击"雨"图层"变换"属性左侧的"在播放头处添加或移去关键帧"按钮◆再次添加关键帧，如图7-61所示。

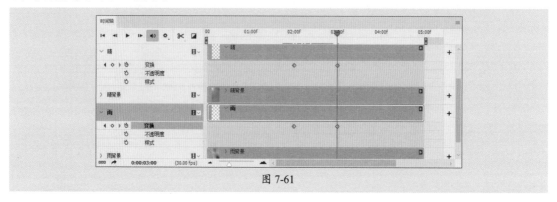

图 7-61

步骤09 移动播放头至0:00:02:00处，选中"雨"图层，按Ctrl+T组合键自由变换，按住Alt键移动锚点至参考线交汇处，如图7-62所示。在选项栏中设置"旋转"△为90°，旋转选中对象，效果如图7-63所示。

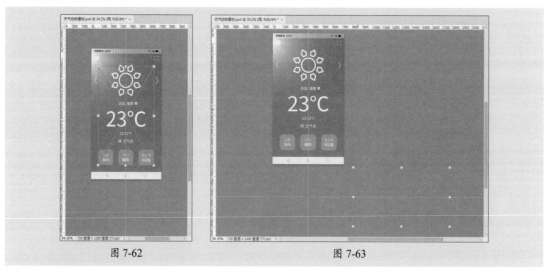

图 7-62   图 7-63

步骤10 按Ctrl+H组合键隐藏参考线，按空格键预览效果，如图7-64所示。

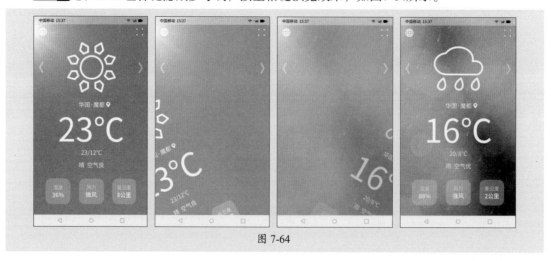

图 7-64

步骤11 执行"文件"|"导出"|"存储为Web所用格式（旧版）"命令打开"存储为Web所用格式"对话框，选择GIF格式并设置参数，如图7-65所示。

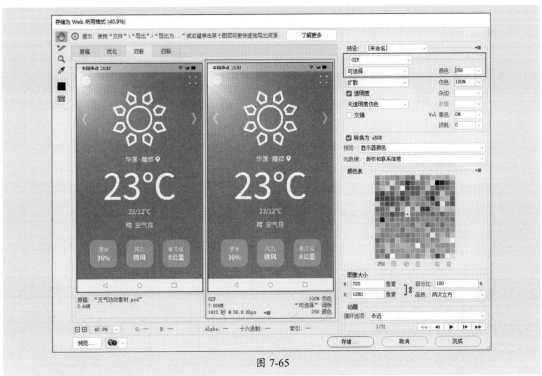

图 7-65

步骤12 单击"存储"按钮，打开"将优化结果存储为"对话框，选择导出路径并设置名称，如图7-66所示。

步骤13 完成后单击"保存"按钮导出GIF文件，在导出文档中找到GIF文件并双击打开，如图7-67所示。

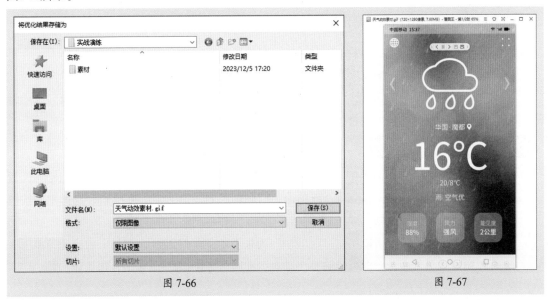

图 7-66   图 7-67

至此完成天气预报切换动效的制作。

新手答疑

1. Q: Photoshop 在制作 UI 动效上有什么优点?

A: Photoshop在制作UI动效上有以下优点。

- **图像编辑功能强大**:Photoshop作为专业的图像编辑软件,具备强大的图像编辑功能,支持用户精细地设计和调整UI元素,打好UI动效制作的基础。
- **多层级的图层管理**:Photoshop是一个层级图像编辑软件,图层管理非常完善,用户可以通过图层分层管理UI元素,制作更加复杂的动效效果。
- **动画时间轴**:Photoshop支持帧动画和关键帧动画,满足不同类型UI动效的制作。
- **多种格式导出**:Photoshop支持GIF及MP4等视频格式的导出,方便在不同平台和设备上应用。
- **良好的兼容性**:与Adobe公司的其他软件无缝衔接,可以多软件协同办公,提高工作效率。

2. Q: 为什么选择 GIF 格式导出 UI 动效?

A: 选择GIF格式导出UI动效主要有以下原因。

- **广泛的浏览器和平台支持**:GIF格式是一种广泛应用的图像格式,几乎所有的浏览器和操作系统都支持显示GIF动画,且无须额外的插件或软件支持。
- **文件较小**:相比其他动画格式,GIF格式文件占内存较小,在网络传输和加载时,GIF动画可以快速地加载和播放,减少用户的等待时间。
- **支持透明度**:GIF格式支持透明度,可以导出部分内容透明的UI动效,使动效更加灵活和自然。
- **循环播放**:GIF格式的动画默认无限次循环播放,导出该格式的UI动效可以持续展示和吸引用户的注意力,适用于加载动画、轮播图等需要持续展示的UI元素。
- **简单易用**:GIF动画的制作相对简单,无须复杂的编码和渲染过程。

3. Q: 动画帧的顺序可以反转吗?

A: 可以。"反向帧"命令可以反转动画帧的顺序,用户可以选中要反转的帧,单击"时间轴"面板中的菜单按钮▤,在弹出的快捷菜单中执行"反向帧"命令,即可反转选中帧的顺序。要反向的帧可以是不连续的。

4. Q: 如何删除帧动画中的帧?

A: 若要删除"时间轴"面板中多余的帧,可以选中要删除的帧,然后单击"时间轴"面板底部的"删除所选帧"按钮▤,或单击"时间轴"面板中的菜单按钮▤,在弹出的快捷菜单中执行"删除单帧"或"删除多帧"命令,即可删除选中的帧。

若要删除所有的帧,可以单击"时间轴"面板中的菜单按钮▤,在弹出的快捷菜单中执行"删除动画"命令,即可删除整个动画,此时,"时间轴"面板中仅保留第一帧。

UI动效设计与制作标准教程(全彩微课版)

第8章

综合案例：制作悦·乐 App 登录动效

本章练习制作悦·乐App的登录动效，具体包括App的启动动效、按钮点按动效及登录动效等。学习本案例可以帮助用户加深对所学内容的印象，巩固所学知识。

8.1 思路分析

动效是UI设计中不可或缺的内容，在启动App时一般可以看到启动动效、提示登录动效等UI动效，本节将以悦·乐App的登录动效为例，对UI动效的设计思路进行介绍。

（1）设计理念思维导图

在进行App登录动效的制作之前，可以简单将其分为启动、点按、登录3部分，这3部分中又分别包含不同的动态效果，如图8-1所示。划分出这些效果后就可以针对具体的效果进行动效制作。

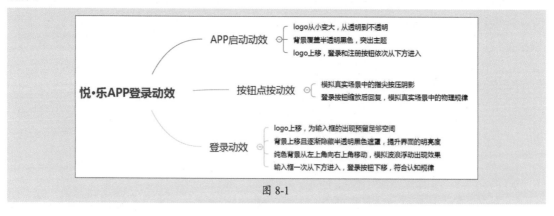

图 8-1

（2）主要用到的知识点

在界面制作方面Photoshop具备较强的图像编辑处理功能，因此可以先使用Photoshop软件设计制作UI登录界面，再将其导入至After Effects软件中进行动效制作。动效制作涉及的知识点主要包括关键帧动画的制作、图层属性的设置、缓动效果的添加（关键帧插值的设置）等。通过不同知识点的综合应用，可以实现丰富的动态效果。

（3）同类设计效果欣赏

登录动效是较为常见的动效。图8-2所示为知乎App的登录动效。

图 8-2

UI动效设计与制作标准教程（全彩微课版）

8.2 制作过程

本实例将悦·乐App的登录动效分为App启动动效、按钮点按动效及登录界面出现动效3部分，下面对这3部分动效具体的制作过程进行介绍。

8.2.1 制作启动动效

本案例练习制作启动动效，通过缩放、不透明度及位置的调整制作logo及登录注册按钮启动时的效果。涉及的知识点包括素材的使用、关键帧的添加、关键帧插值的设置等。

步骤01 打开After Effects软件，单击主页中的"新建项目"按钮新建项目，按Ctrl+I组合键打开"导入文件"对话框，选择要导入的素材文件，完成后单击"导入"按钮，在弹出的"登录素材.psd"对话框中设置参数，如图8-3所示。

步骤02 完成后单击"确定"按钮导入素材文件，如图8-4所示。

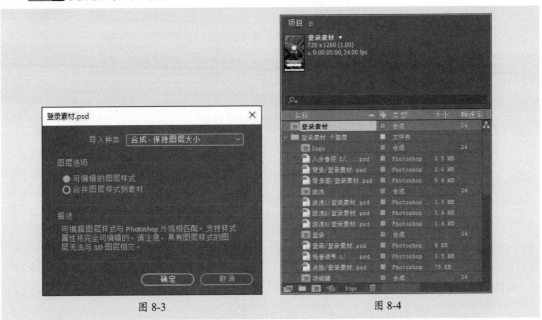

图 8-3 　　　　　　　　　　　　　　　图 8-4

步骤03 双击合成"登录素材"，在"时间轴"面板中打开，如图8-5所示。

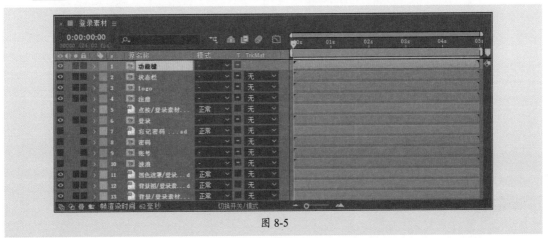

图 8-5

步骤 04 移动当前时间指示器至0:00:02:00处，选中"时间轴"面板中的logo图层并展开其属性，为"位置"属性添加关键帧，如图8-6所示。

图 8-6

步骤 05 移动当前时间指示器至0:00:01:00处，为"缩放"属性添加关键帧，并通过"对齐"面板设置logo图层内容与合成居中对齐，软件将自动添加关键帧，如图8-7所示。

图 8-7

步骤 06 移动当前时间指示器至0:00:00:20处，为"不透明度"属性添加关键帧，并设置"缩放"属性参数为120，软件将自动添加关键帧，如图8-8所示。

图 8-8

步骤 07 移动当前时间指示器至0:00:00:00处，设置"缩放"属性参数为0，"不透明度"属性参数为0%，软件将自动添加关键帧，如图8-9所示。

图 8-9

步骤 08 移动当前时间指示器至0:00:01:04处，选中左侧的"位置"关键帧，按Ctrl+C组合键复制，按Ctrl+V组合键粘贴复制关键帧，如图8-10所示。

图 8-10

步骤 09 选中所有关键帧，按F9键创建缓动效果，单击"时间轴"面板中的"图表编辑器"按钮，切换至图表编辑器，分别选中"位置"和"缩放"属性，调整关键帧方向手柄，如图8-11所示。

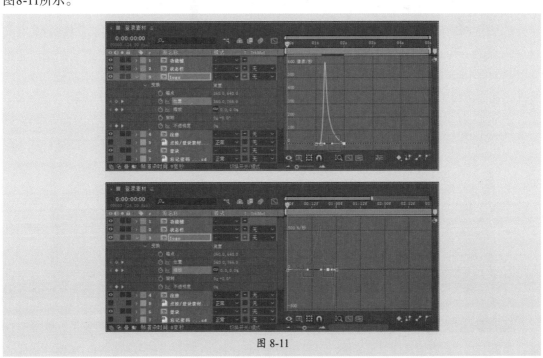

图 8-11

步骤10 单击"时间轴"面板中的"图表编辑器"按钮 ，切换至原时间轴。移动当前时间指示器至0:00:01:00处，选中"黑色遮罩/登录素材"图层，按T键展开其"不透明度"属性并添加关键帧，如图8-12所示。

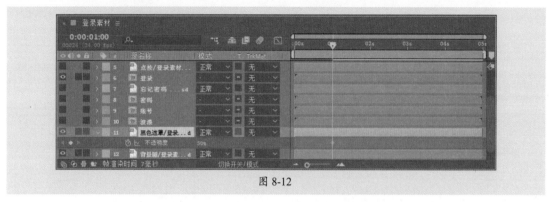

图 8-12

步骤11 移动当前时间指示器至0:00:00:00处，更改"不透明度"属性参数为0%，软件将自动添加关键帧，如图8-13所示。

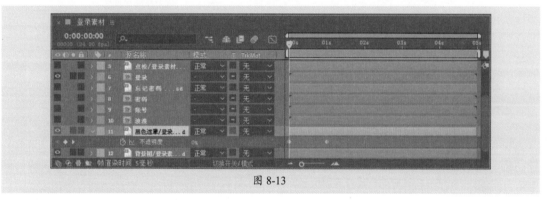

图 8-13

步骤12 移动当前时间指示器至0:00:02:00处，选中"注册"和"登录"图层，按P键展开其"位置"属性，单击"位置"属性左侧的"时间变化秒表"按钮 添加关键帧；移动当前时间指示器至0:00:01:00处，在"合成"面板中将"注册"和"登录"图层中的内容移出画板，软件将自动添加关键帧，如图8-14所示。

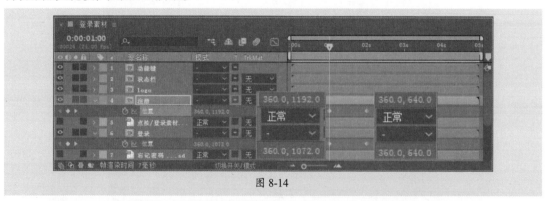

图 8-14

步骤13 选中"注册"和"登录"图层属性组中的关键帧，按F9键创建缓动效果，单击"时间轴"面板中的"图表编辑器"按钮 ，切换至图表编辑器，调整关键帧方向手柄，如图8-15所示。

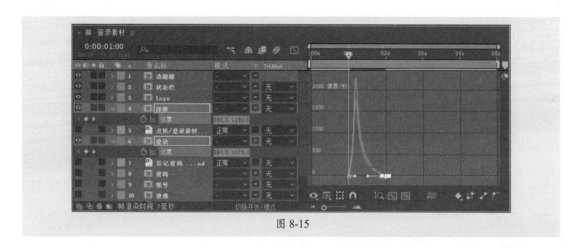

图 8-15

步骤 14 单击"时间轴"面板中的"图表编辑器"按钮 ■，切换至原时间轴，在"合成"面板中按空格键预览效果，如图8-16所示。

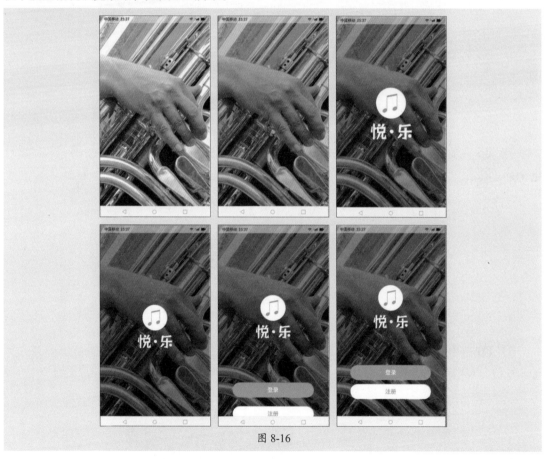

图 8-16

至此完成启动动效的制作。

8.2.2 制作点按动效

本案例练习制作点按动效，通过缩放及定格关键帧制作点击按钮时的效果，涉及的知识点包括图层属性的设置、关键帧插值的调整等。

步骤 01 打开8.2.1节制作完成的项目，移动当前时间指示器至0:00:02:10处，显示"点按/登录素材"图层，按T键展开其"不透明度"属性并添加关键帧，设置"不透明度"属性参数为0%，如图8-17所示。

图 8-17

步骤 02 移动当前时间指示器至0:00:02:14处，设置"不透明度"属性参数为30%，软件将自动添加关键帧，如图8-18所示。

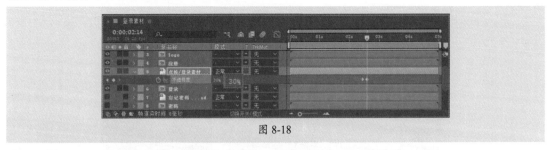

图 8-18

步骤 03 移动当前时间指示器至0:00:02:20处，设置"不透明度"属性参数为0%，软件将自动添加关键帧，如图8-19所示。

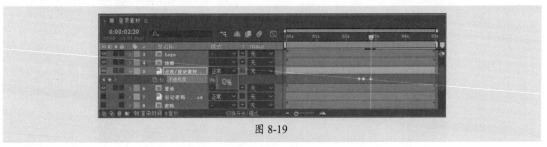

图 8-19

步骤 04 选中3个关键帧后右击，在弹出的快捷菜单中执行"关键帧插值"命令，打开"关键帧插值"对话框，设置"临时插值"为定格，如图8-20所示。

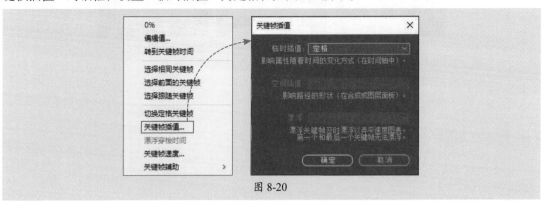

图 8-20

步骤 05 完成后单击"确定"按钮应用设置，关键帧变为定格关键帧，如图8-21所示。

图 8-21

步骤 06 移动当前时间指示器至0:00:02:14处，选中"登录"图层，按S键展开其"缩放"属性并添加关键帧；移动当前时间指示器至0:00:02:20处，设置"缩放"属性参数为98%，软件将自动添加关键帧；移动当前时间指示器至0:00:03:00处，设置"缩放"属性参数为100%，软件将自动添加关键帧，如图8-22所示。

图 8-22

步骤 07 选中"登录"图层属性组中的关键帧，按F9键创建缓动效果，单击"时间轴"面板中的"图表编辑器"按钮，切换至图表编辑器，调整关键帧方向手柄，如图8-23所示。

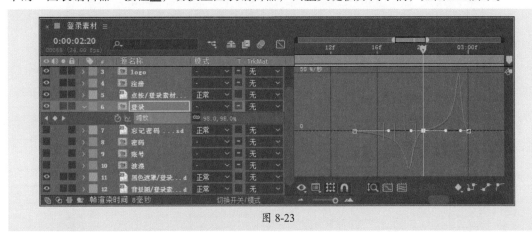

图 8-23

步骤 08 单击"时间轴"面板中的"图表编辑器"按钮，切换至原时间轴，在"合成"面板中按空格键预览效果，如图8-24所示。

图 8-24

至此完成点按动效的制作。

8.2.3 制作登录动效

本案例练习制作登录动效，通过背景及内容的切换制作登录时的切换效果，涉及的知识点包括关键帧的添加与调整、预合成的应用等。

步骤 01 打开8.2.2节制作完成的项目，移动当前时间指示器至0:00:03:00处，显示"波浪"图层并双击打开，如图8-25所示。

图 8-25

步骤 02 选中"波浪"预合成中的3个图层，按S键展开其"缩放"属性，设置"缩放"属性参数为160%，如图8-26所示。

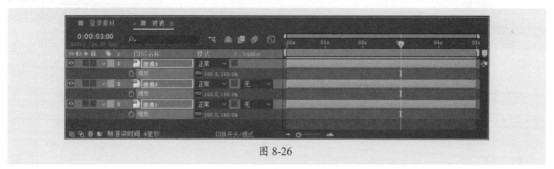

图 8-26

步骤 03 按P键展开其"位置"属性并调整参数，添加关键帧，如图8-27所示。

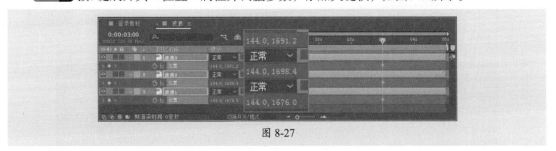

图 8-27

步骤 04 移动当前时间指示器至0:00:04:00处，在"对齐"面板中设置图层中对象与合成左侧、底部对齐，软件将自动添加关键帧，如图8-28所示。

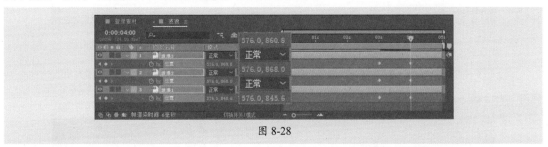

图 8-28

步骤 05 选中添加的所有关键帧，按F9键创建缓动效果，单击"时间轴"面板中的"图表编辑器"按钮，切换至图表编辑器，调整关键帧方向手柄，如图8-29所示。

图 8-29

步骤 06 单击"时间轴"面板中的"图表编辑器"按钮，切换至原时间轴。关闭"波浪"预合成，返回至"登录素材"合成，移动当前时间指示器至0:00:03:02处，选中"登录"图层，按P键展开其"位置"关键帧，单击"在当前时间添加或移除关键帧"按钮添加关键帧；移动当前时间指示器至0:00:04:00处，更改"位置"属性参数，软件将自动添加关键帧，如图8-30所示。

图 8-30

步骤 07 移动当前时间指示器至0:00:03:00处，选中"注册"图层，按T键展开其"不透明度"属性并添加关键帧；移动当前时间指示器至0:00:03:12处，更改"不透明度"属性参数为0%，软件将自动添加关键帧，如图8-31所示。

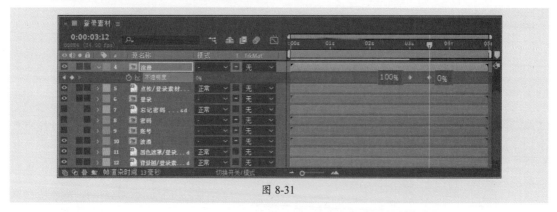

图 8-31

步骤 08 选中添加的所有关键帧，按F9键创建缓动效果，单击"时间轴"面板中的"图表编辑器"按钮，切换至图表编辑器，调整关键帧方向手柄，如图8-32所示。

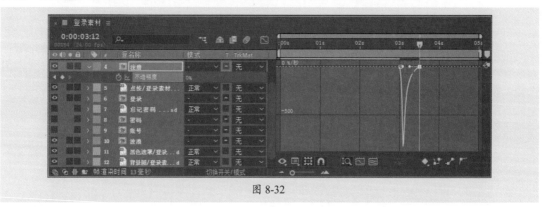

图 8-32

步骤 09 单击"时间轴"面板中的"图表编辑器"按钮，切换至原时间轴。移动当前时间指示器至0:00:03:00处，选中logo图层，按P键展开其"位置"属性并添加关键帧；移动当前时间指示器至0:00:04:00处，更改"位置"属性参数，软件将自动添加关键帧，如图8-33所示。

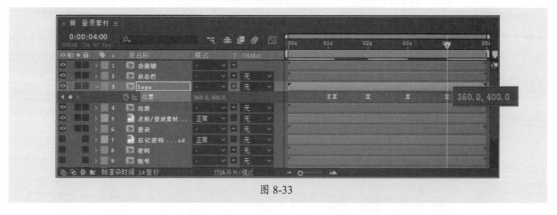

图 8-33

步骤 10 移动当前时间指示器至0:00:04:00处，显示"忘记密码|注册账号""密码"和"账号"图层，按P键展开其"位置"属性并添加关键帧，如图8-34所示。

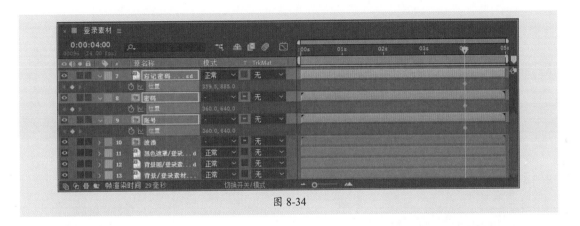

图 8-34

步骤 11 移动当前时间指示器至0:00:03:00处，更改"忘记密码|注册账号""密码"和"账号"图层中对象的位置参数，软件将自动添加关键帧，如图8-35所示。

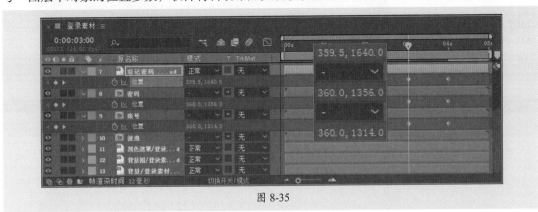

图 8-35

步骤 12 选中新添加的关键帧，按F9键创建缓动效果，单击"时间轴"面板中的"图表编辑器"按钮，切换至图表编辑器，调整关键帧方向手柄，如图8-36所示。

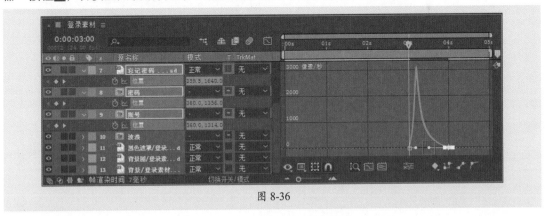

图 8-36

步骤 13 单击"时间轴"面板中的"图表编辑器"按钮，切换至原时间轴。在"合成"面板中按空格键预览效果，如图8-37所示。

步骤 14 移动当前时间指示器至0:00:03:00处，选中"黑色遮罩/登录素材"图层，按T键展开其"不透明度"属性并添加关键帧；移动当前时间指示器至0:00:04:00处，更改"不透明度"属性参数为0%，软件将自动添加关键帧，如图8-38所示。

图 8-37

图 8-38

步骤 **15** 选中"背景图/登录素材"图层，按P键展开其"位置"属性并添加关键帧；移动当前时间指示器至0:00:04:00处，更改"不透明度"属性参数为0%，软件将自动添加关键帧，如图8-39所示。

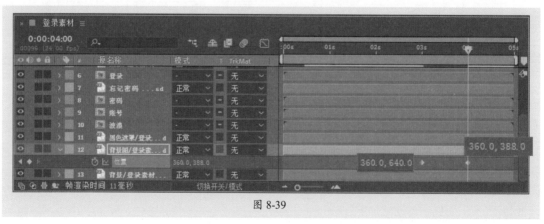

图 8-39

步骤16 选中新添加的关键帧，按F9键创建缓动效果，单击"时间轴"面板中的"图表编辑器"按钮，切换至图表编辑器，调整关键帧方向手柄，如图8-40所示。

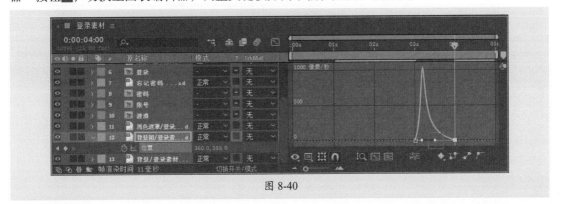

图 8-40

步骤17 单击"时间轴"面板中的"图表编辑器"按钮，切换至原时间轴。在"合成"面板中按空格键预览效果，如图8-41所示。

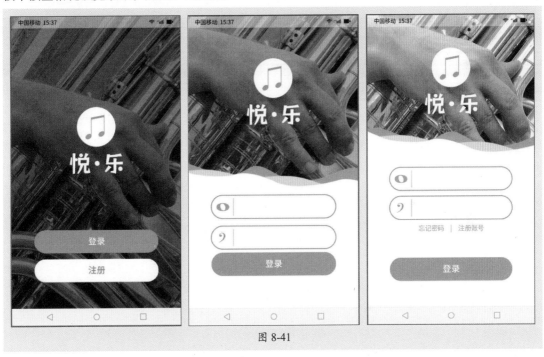

图 8-41

至此完成登录动效的制作。

附录A　After Effects常用快捷键汇总

工具箱

快捷键	功能描述
V	激活"选择"工具
H	激活"抓手"工具
按住空格键或鼠标中键	暂时激活"抓手"工具
Z	激活"放大"工具
Alt（当"放大"工具处于活动状态时）	激活"缩小"工具
W	激活"旋转"工具
C	激活并且循环切换"摄像机"工具（统一摄像机、轨道摄像机、跟踪 XY 摄像机和跟踪 Z 摄像机）
Y	激活"向后平移"工具
Q	激活并循环切换蒙版和形状工具（矩形、圆角矩形、椭圆、多边形、星形）
Ctrl+T	激活并循环切换"文字"工具（横排和竖排）
G	激活并循环切换"钢笔"和"蒙版羽化"工具（注意：可在"首选项"对话框中关闭此设置）
Ctrl	当选中钢笔工具时暂时激活选择工具

时间导航

快捷键	功能描述
Shift+Home 或 Shift+End	转到工作区的开始或结束
J 或 K	转到时间标尺中的上一个或下一个可见项目（关键帧、图层标记、工作区开始或结束）
Home 或 Ctrl+Alt+ ←	转到合成、图层或素材项的开始
End 或 Ctrl+Alt+ →	转到合成、图层或素材项的结束
PgDn 或 Ctrl+ →	前进 1 个帧
Shift+PgDn 或 Ctrl+Shift+ →	前进 10 个帧
PgUp 或 Ctrl+ ←	后退 1 个帧
Shift+PgUp 或 Ctrl+Shift+ ←	后退 10 个帧
I	转到图层入点
O	转到图层出点
Ctrl+Alt+Shift+ ←	转到上一个入点或出点
Ctrl+Alt+Shift+ →	转到下一个入点或出点
D	滚动到"时间轴"面板中的当前时间

素材

快捷键	功能描述
Ctrl+I	导入一个文件或图像序列
Ctrl+Alt+I	导入多个文件或图像序列
双击"项目"面板中的素材项	在 After Effects"素材"面板中打开影片
Ctrl+/（在主键盘上）	将所选项目添加到最近激活的合成中
Ctrl+Alt+/（在主键盘上）	将选定图层的所选源素材替换为在"项目"面板中选中的素材项
按住 Alt 键并将素材项从"项目"面板拖动到选定图层上	替换选定图层的源
Ctrl+Backspace	删除素材项且没有警告
Ctrl+Alt+G	为所选素材项打开"解释素材"对话框
Ctrl+Alt+C	记住素材解释
Ctrl+E	在与所选素材项关联的应用程序中编辑所选素材项（"编辑原稿"）
Ctrl+H	替换所选的素材项
Ctrl+Alt+L	重新加载所选的素材项
Ctrl+Alt+P	为所选素材项设置代理

图层

快捷键	功能描述
Ctrl+Y	新建纯色图层
Ctrl+Alt+Shift+Y	新建空图层
Ctrl+Alt+Y	新建调整图层
数字小键盘上的 0 ～ 9	通过图层编号选择图层 （1 ～ 999）（可快速输入两位数字和三位数字）
Shift+ 数字小键盘上的 0 ～ 9	通过图层编号切换图层的选择 （1 ～ 999）（可快速输入两位数字和三位数字）
Ctrl+ ↓	选择堆积顺序中的下一个图层
Ctrl+ ↑	选择堆积顺序中的上一个图层
Ctrl+Shift+ ↓	将选择项扩展到堆积顺序中的下一个图层
Ctrl+Shift+ ↑	将选择项扩展到堆积顺序中的上一个图层
Ctrl+Shift+A	取消选择全部图层
Ctrl+Shift+C	预合成选定图层
[（左括号）或]（右括号）	移动选定图层，使其入点或出点位于当前时间点
Alt+[（左括号）或 Alt+]（右括号）	将选定图层的入点或出点修剪到当前时间
Alt+Home	移动选定图层，使其入点位于合成的起始点
Alt+End	移动选定图层，使其出点位于合成的终点
Ctrl+L	锁定选定图层
Ctrl+Shift+L	解锁所有图层

快捷键	功能描述
Ctrl+F	在"时间轴"面板中查找
Ctrl+`（重音记号）	切换选定图层的展开状态（展开可显示所有属性）
按住 Ctrl 键并单击属性组名称左侧的三角形	切换属性组和所有子属性组的展开状态（展开可显示所有属性）
A	仅显示"锚点"属性（对于光和摄像机、目标点）
L	仅显示"音频电平"属性
F	仅显示"蒙版羽化"属性
M	仅显示"蒙版路径"属性
TT	仅显示"蒙版不透明度"属性
T	仅显示"不透明度"属性（对于光、强度）
P	仅显示"位置"属性
R	仅显示"旋转"和"方向"属性
S	仅显示"缩放"属性
RR	仅显示"时间重映射"属性
FF	仅显示缺失效果的实例
E	仅显示"效果"属性组
MM	仅显示蒙版属性组
AA	仅显示"材质选项"属性组
EE	仅显示表达式
U	显示带关键帧的属性
UU	仅显示已修改属性
PP	仅显示绘画笔触、Roto 笔刷笔触和操控点
LL	仅显示音频波形
SS	仅显示所选的属性和组
按住 Alt+Shift 并单击属性或组名	隐藏属性或组
Shift+ 属性或组快捷键	向显示的属性或组集中添加或从中移除属性或组
Alt+Shift+ 属性快捷键	在当前时间添加或移除关键帧

关键帧和图表编辑器

快捷键	功能描述
Shift+F3	在图表编辑器和图层条模式之间切换
单击属性名称	对属性选择所有关键帧
Ctrl+Alt+A	选择全部可见的关键帧和属性
Shift+F2 或 Ctrl+Alt+Shift+A	取消选择全部关键帧、属性和属性组
Alt+ →或 Alt+ ←	将关键帧向前或向后移动 1 个帧

快捷键	功能描述
Alt+Shift+ →或 Alt+Shift+ ←	将关键帧向前或向后移动 10 个帧
Ctrl+Alt+K	对所选关键帧设置插值（图层条模式）
Ctrl+Alt+H	将关键帧插值方法设置为定格或自动贝塞尔曲线
在图层条模式下按住 Ctrl 键并单击	将关键帧插值方法设置为线性或自动贝塞尔曲线
在图层条模式下按住 Ctrl+Alt 并单击	将关键帧插值方法设置为线性或定格
F9	缓动选定的关键帧
Shift+F9	缓入选定的关键帧
Ctrl + Shift + F9	缓出选定的关键帧
Ctrl+Shift+K	设置选定关键帧的速率
Alt+Shift+ 属性快捷键	在当前时间添加或移除关键帧

蒙版

快捷键	功能描述
箭头键	以当前放大率将所选路径点移动 1 个像素
Shift+ 箭头键	以当前放大率将所选路径点移动 10 个像素
按住 Ctrl+Alt 并单击顶点	在平滑和边角点之间切换
按住 Ctrl+Alt 并拖动顶点	重绘贝塞尔曲线手柄
Ctrl+Shift+I	反转所选的蒙版
Ctrl+Shift+F	为所选的蒙版打开"蒙版羽化"对话框
Ctrl+Shift+M	为所选的蒙版打开"蒙版形状"对话框
S	相减模式
D	变暗模式
F	差值模式
A	相加模式
I	交集模式
N	无

保存、导出和渲染

快捷键	功能描述
Ctrl+S	保存项目
Ctrl+Alt+Shift+S	递增和保存项目
Ctrl+Shift+S	另存为
Ctrl+Shift+/（在主键盘上）	将活动合成或所选项目添加到渲染队列
Ctrl+Alt+S	将当前帧添加到渲染队列
Ctrl+Shift+D	复制渲染项目，并使其输出文件名与原始文件名相同
Ctrl+Alt+M	将合成添加到 Adobe Media Encoder 编码队列

附录B Photoshop常用快捷键汇总

工具箱

（续表）

快捷键	功能描述
M	矩形工具、椭圆选框工具
V	移动工具
L	套索工具、多边形套索工具、磁性套索工具
W	魔棒工具
C	裁剪工具
B	画笔工具、铅笔工具
S	橡皮图章工具、图案图章工具
E	橡皮擦工具、背景擦除工具、魔术橡皮擦工具
G	渐变工具、油漆桶工具
A	路径选择工具、直接选取工具
T	文字工具
P	钢笔工具、自由钢笔工具
U	矩形工具、圆边矩形工具、椭圆工具、多边形工具、直线工具
I	吸管工具、颜色取样器工具、度量工具
H	抓手工具
Z	缩放工具
D	默认前景色和背景色
X	切换前景色和背景色
Q	切换标准模式和快速蒙版模式

文件操作

快捷键	功能描述
Ctrl+N	新建图形文件
Ctrl+O	打开已有的图像
Ctrl+Alt+O	打开为
Ctrl+W	关闭当前图像
Ctrl+S	保存当前图像
Ctrl+Shift+S	另存为
Ctrl+Shift+P	页面设置
Ctrl+Alt+P	打印预览
Ctrl+P	打印

快捷键	功能描述
Ctrl+Q	退出 Photoshop
Ctrl+A	选择画布
Ctrl+D	取消选择
Ctrl+Shift+D	重新选择
Ctrl+Alt+D	羽化选择
Ctrl+Shift+I	反向选择

编辑操作

快捷键	功能描述
Ctrl+Z	还原 / 重做前一步操作
Ctrl+Alt+Z	一步一步向前还原
Ctrl+Shift+Z	一步一步向后重做
Ctrl+C	复制选取的图像或路径
Ctrl+Shift+C	合并复制
Ctrl+V	将剪贴板的内容粘贴到当前图形中
Ctrl+Shift+V	将剪贴板的内容粘贴到选框中
Ctrl+T	自由变换
Ctrl+Shift+T	自由变换复制的像素数据
Ctrl+Delete	用背景色填充所选区域或整个图层
Alt+Delete	用前景色填充所选区域或整个图层
Ctrl+L	调整色阶
Ctrl+M	打开曲线调整对话框
Ctrl+B	打开"色彩平衡"对话框
Ctrl+U	打开"色相 / 饱和度"对话框
Ctrl+Shift+U	去色
Ctrl+ I	反相

视图操作

快捷键	功能描述
Ctrl+\	选择快速蒙版
Ctrl++	放大视图
Ctrl+-	缩小视图
Ctrl+0	满画布显示